高等职业院校设计学科新形态系列教材

上海市高等教育学会设计教育专业委员会"十四五"规划教材

丛书主编 江滨 丛书副主编 程宏

U0662182

景观设计
初步

张书豪　顾文光　周豪　编著

中国电力出版社

CHINA ELECTRIC POWER PRESS

内 容 提 要

　　景观设计是环境设计专业的重要课程。本教材编写以基础概念入手，旨在培养学生的专业技能，将传统知识教授方式与新型数字化教学方式相结合。教材分为三部分，共八章。第一部分主要介绍景观设计相关概念理论；第二部分景观设计实践，以"设计任务引入、设计程序、设计实践"为讲解顺序，使学生基本掌握景观设计的能力；第三部分景观设计案例解析帮助学生加深对所学知识的理解与认识。

　　本书每章后附"本章总结、课后作业、思考拓展、课程资源链接"，其中"课程资源链接"包含书中每一章节的核心内容。本书适合作为高等职业院校和应用型本科的专业教材。

图书在版编目（CIP）数据

景观设计初步 / 张书豪，顾文光，周豪编著 . —北
京：中国电力出版社，2024.8
高等职业院校设计学科新形态系列教材
ISBN 978-7-5198-8939-5

Ⅰ . ①景… Ⅱ . ①张… ②顾… ③周… Ⅲ . ①景观设
计—高等职业教育—教材 Ⅳ . ① TU983

中国国家版本馆 CIP 数据核字（2024）第 103536 号

出版发行：中国电力出版社
地　　址：北京市东城区北京站西街 19 号（邮政编码 100005）
网　　址：http://www.cepp.sgcc.com.cn
责任编辑：王　倩（010-63412607）
责任校对：黄　蓓　张晨荻
书籍设计：王红柳
责任印制：杨晓东

印　　刷：北京瑞禾彩色印刷有限公司
版　　次：2024 年 8 月第一版
印　　次：2024 年 8 月北京第一次印刷
开　　本：787 毫米 ×1092 毫米　16 开本
印　　张：8.5
字　　数：274 千字
定　　价：58.00 元

序一

党的二十大报告对加快实施创新驱动发展战略作出重要部署，强调"坚持面向世界科技前沿、面向经济主战场、面向国家重大需求，面向人民生命健康，加快实现高水平科技自立自强"。

高校作为战略科技力量的聚集地、青年科技创新人才的培养地、区域发展的创新源头和动力引擎，面对新形势、新任务、新要求，高校不断加强与企业间的合作交流，持续加大科技融合、交流共享的力度，形成了鲜明的办学特色，在助推产学研协同等方面取得了良好成效。近年来，职业教育教材建设滞后于职业教育前进的步伐，仍存在重理论轻实践的现象。

与此同时，设计教育正向智慧教育阶段转型，人工智能、互联网、大数据、虚拟现实（AR）等新兴技术越来越多地应用到职业教育中。这些技术为教学提供了更多的工具和资源，使得学习方式更加多样化和个性化。然而，随之而来的教学模式、教师角色等新挑战会越来越多。如何培养创新能力和适应能力的人才成为职业教育需要考虑的问题，职业教育教材如何体现融媒体、智能化、交互性也成为高校老师研究的范畴。

在设计教育的变革中，设计的"边界"是设计界一直在探讨的话题。设计的"边界"在新技术的发展下，变得越来越模糊，重要的不是画地为牢，而是通过对"边界"的描述，寻求设计更多、更大的可能性。打破"边界"感，发展学科交叉对设计教育、教学和教材的发展提出了新的要求。这使具有学科交叉特色的教材呼之欲出，教材变革首当其冲。

基于此，上海市高等教育学会设计教育专业委员会组织上海应用类大学和职业类大学的教师们，率先进入了新形态教材的编写试验阶段。他们融入校企合作，打破设计边界，呈现数字化教学，力求为"产教融合、科教融汇"的教育发展趋势助力。不论在当下还是未来，希望这套教材都能在新时代设计教育的人才培养中不断探索，并随艺术教育的时代变革，不断调整与完善。

同济大学长聘教授、博士生导师
全国设计专业学位研究生教育指导委员会秘书长
教育部工业设计专业教学指导委员会委员
教育部本科教学评估专家
中国高等教育学会设计教育专业委员会常务理事
上海市高等教育学会设计教育专业委员会主任

2023年10月

序
二

人工智能、大数据、互联网、元宇宙……当今世界的快速变化给设计教育带来了机会和挑战，以及无限的发展可能性。设计教育正在密切围绕着全球化、信息化不断发展，设计教育将更加开放，学科交叉和专业融合的趋势也将更加明显。目前，中国当代设计学科及设计教育体系整体上仍处于自我调整和寻找方向的过程中。就国内外的发展形势而言，如何评价设计教育的影响力，设计教育与社会经济发展的总体匹配关系如何，是设计教育的价值和意义所在。

设计教育的内涵建设在任何时候都是设计教育的重要组成部分。基于不断变化的一线城市的设计实践、设计教学，以及教材市场的优化需求，上海市高等教育学会设计教育专业委员会组织上海高校的专家策划了这套设计学科教材，并列为"上海市高等教育学会设计教育专业委员会'十四五'规划教材"。

上海高等院校云集，据相关数据统计，目前上海设有设计类专业的院校达60多所，其中应用技术类院校有40多所。面对设计市场和设计教学的快速发展，设计专业的内涵建设需要不断深入，设计学科的教材编写需要与时俱进，需要用前瞻性的教学视野和设计素材构建教材模型，使专业设计教材更具有创新性、规范性、系统性和全面性。

本套教材初次计划出版30册，适用于设计领域的主要课程，包括设计基础课程和专业设计课程。专家组针对教材定位、读者对象，策划了专用的结构，分为四大模块：设计理论、设计实践、项目解析、数字化资源。这是一种全新的思路、全新的模式，也是由高校领导、企业骨干，以及教材编写者共同协商，经专家多次论证、协调审核后确定的。教材内容以满足应用型和职业型院校设计类专业的教学特点为目的，整体结构和内容构架按照四大模块的格式与要求来编写。"四大模块"将理论与实践结合，操作性强，兼顾传统专业知识与新技术、新方法，内容丰富全面，教授方式科学新颖。书中结合经典的教学案例和创新性的教学内容，图片案例来自国内外优秀、经典的设计公司实例和学生课程实践中的优秀作品，所选典型案例均经过悉心筛选，对于丰富教学案例具有示范性意义。

　　本套教材的作者是来自上海多所高校设计类专业的骨干教师。上海众多设计院校师资雄厚，使优选优质教师编写优质教材成为可能。这些教师具有丰富的教学与实践经验，上海国际大都市的背景为他们提供了大量的实践机会和丰富且优质的设计案例。同时，他们的学科背景交叉，遍及理工、设计、相关文科等。从包豪斯到乌尔姆到当下中国的院校，设计学作为交叉学科，使得设计的内涵与外延不断拓展。作者团队的背景交叉更符合设计学科的本质要求，也使教材的内容更能达到设计类教材应该具有的艺术与技术兼具的要求。

　　希望这套教材能够丰富我国应用型高校与职业院校的设计教学教材资源，也希望这套书在数字化建设方面的尝试，为广大师生在教材使用中提供更多价值。教材编写中的新尝试可能存在不足，期待同行的批评和帮助，也期待在实践的检验中，不断优化与完善。

丛书主编

2023年10月

前言

　　随着社会的快速发展与城市化进程加剧，人们对于生活品质的要求也随之提升，景观设计在这场声势浩大的时代浪潮中不仅是美化城市的手段，更是实现城市可持续发展、提升生活品质的重要工具；通过对环境、社会、文化和经济等因素的综合考量，景观设计在塑造宜居城市的道路上发挥着关键作用。

　　在高职教育中，景观设计作为一门充满创造性和综合性的学科，不仅有对于美的追求，更向学生传递着功能、可持续发展、人与环境和谐的设计价值观。

　　本书分三部分：第一部分从景观设计的相关概念出发，首先为学生确立了对景观知识的认知基础，其次介绍了作为景观设计师的职责、任务要点，以培养学生的职业责任感和认同感为目的，最后详细讲解了景观设计的基本原则、方法以及设计元素，以丰富学生所需的基础理论知识；第二部分涵盖了景观设计的实践讲解，包括从设计前期的调研、任务书的确立到后期的景观设计表现方式，为学生提供了设计实践和表现设计效果的指导；最后一部分则介绍了景观设计案例，包括企业设计项目和学生设计作品，丰富充实教材内容，在展示设计思路和过程的同时培养学生的实践技能。

教材编写得到了成都赛肯司创享生活景观设计股份有限公司与上海大拙景观规划设计有限公司的鼎力支持，对于本教材的丰富度、实践性有着极大帮助。同时，在此感谢中国电力出版社的大力支持；感谢出版社责任编辑王倩老师及相关工作人员；感谢上海电子信息职业技术学院程宏教授、江滨教授的专业指导；也感谢提供资料的各位同学。

　　希望通过此书提供的理论知识和实际案例分享解析，激发读者的创造力，开拓读者的设计思路，为景观专业学生、景观设计爱好者提供有益的指导和启示。教材中如有不妥之处，恳请广大读者提出宝贵意见，以便及时更正。

张书豪

2024年6月

目录

第二部分
景观设计实践

第三部分
景观设计案例解析

景观设计
理论

第一部分

第一章　景观设计概论

第一节　景观的概念

早期，人们对于"景观"一词的理解多偏向于单纯的视觉美学的角度，"在西方，景观（Landscape）一词最早出现于希伯来文本的《圣经》旧约全书之中"，被用来描绘其宗教主城耶路撒冷的宏伟瑰丽。而在我国，"魏晋南北朝之间（公元4世纪前后），山水要素被从人物画背景中提取出来，形成独立的山水画（风景画）。"[1]此时山水风景开始成为文人墨客的研究对象，这种对自然风景的视觉美学研究也为我国的景观营造文化打下了坚实的基础。

汉语中，起初并无"景观"一词，"景观"作为正式的汉语词汇出现在我国的学术舞台上还要追溯至1936年日本学者所著的《景观地理学》中对德语"Landschaft"的译用，随着此本著作被译成中文，"景观"一词开始被国内学者接受。

景观一词的含义在人类历史长河的不断演进中愈加丰富，所以很难用一段简短的话语进行完整的描述。广义层面上，景观是指一个具有时间属性的、动态的、生态的整体性系统，是各个地理要素之间相互联系、相互影响、有规律地结合而成的具有内部相对一致性的整体，包括人所能看到的一切自然物和人造物的总和（图1-1），而狭义的景观是指由地形、水体、植被、建筑及构筑物、公共艺术品等具有视觉特征的地表景物构成的综合体（图1-2）。

图1-1　中国阿坝州雪山景观

图1-2　泰国班嘉绮缇国家公园

---

[1] 邵大箴. 中国山水画与西方风景画的同和异——兼论两者交融的历史、现状与前景[J]. 文艺研究，1999（04）：57-69.

随着社会的进步，当代对于景观的定义逐渐扩展，俞孔坚先生就曾提出"景观是人类的世界观、价值观、伦理道德的反映，是人类的爱和恨，欲望与梦想在大地上的投影。"[1]景观为土地以及土地上的空间与物质所复合而成的复杂综合体，是复杂的自然历程与人类活动在大自然中的烙印，"无论在西方或是中国，'景观'都是一个美丽且难以言明的概念"。[2]根据资料搜集，可将景观分为以下几类加以理解（表1-1）。

表1-1　　　　　　　不同景观类别的内涵

景观类别	景观类别
风景	视觉审美过程的对象
栖居地	人类生活其中的空间和环境
生态系统	一个具有结构和功能、具有内在和外在联系的有机系统
符号	一种记载人类过去、表达希望与理想，赖以认同和寄托的语言和精神空间

第二节　景观设计

景观设计是一门立足于自然与人文科学，涉及景观规划、设计，生态恢复、环境管理与保护的综合性学科。

美国园林之父弗雷德里克·劳·奥姆斯特德（Frederick LawOlmsted）（图1-3）认为景观设计应强调自然景观的保护和使用，并强调人与自然的和谐关系。他主张开放空间、树木和水体的合理利用（图1-4）。美国景观学家雷·麦克哈格认为景观设计是多学科的综合，是用于资源管理和经济地规划土地的有力工具。他强调要把人与自然世界结合起来考虑规划设计问题。

图1-3　弗雷德里克·劳·奥　图1-4　奥姆斯特德代表作：纽约中央公园（图片来源：zh.wikipedia.org）
姆斯特德

---

[1] 俞孔坚，李迪华，吉庆萍. 景观与城市的生态设计：概念与原理[J]. 中国园林，2001（06）：3-10.

[2] 俞孔坚，李迪华.《景观设计：专业学科与教育》导读[J]. 中国园林，2004（05）：10-11.

俞孔坚教授认为，景观设计既是科学又是艺术，景观设计师必须科学地分析土地、了解土地，然后在此基础上进行规划、设计、保护和恢复。根据解决问题的性质、内容和场地尺度的不同，景观设计学可以分为：景观规划（Landscape Planning）和景观设计（Landscape Design）两个专业方向。

景观规划是基于对自然和人文过程的认识，在景观建设前所做的具有前瞻性的、宏观的策划，是协调人与自然关系的过程，具体为某些使用目的安排最合适的地方和最合适的土地利用；景观规划是物质空间的规划，目标是通过土地和其他自然资源的保护和利用实现可持续发展。而景观设计是在较小的范围和尺度上进一步深化、发展和完善规划意图，以满足不同功能需要，是针对特定地点设计的。

刘滨谊教授则提出了现代景观规划设计实践的三元论，即：视觉景观形象、环境生态绿化和大众行为心理三方面内容。

（1）视觉景观形象主要从人类视觉形象感受要求出发，根据美学规律，利用空间实体景物，研究如何创造令人愉快的环境形象。

（2）随着环境意识运动的发展，环境生态绿化是景观规划设计的现代主题。它主要从人类的生理感受要求出发，根据自然界生物学原理，利用阳光、气候、动植物、土壤、水体等自然和人工材料，研究如何创造令人舒适的良好物质环境。

（3）随着人口增长、现代多种文化交流以及社会科学的发展，大众行为心理已成为景观规划设计的现代主题。它主要从人类的心理精神感受需求出发，根据人类在环境中的行为心理乃至精神活动的规律，利用心理和文化的引导，研究如何创造使人赏心悦目、积极向上的精神环境。

第三节　现代景观设计的发展

正如上文所述，"景观"这个词汇被赋予超越单纯视觉审美含义而具有更深层次内涵不过百年时间，但这并不代表我们无法在历史的长河中找到供我们学习、欣赏的景观设计。中国商朝的甲骨文中，就已经有了关于"园、圃、囿"的记载，其中"囿"最接近园林。到了商朝末年和周朝初期，除了帝王之外，下面的奴隶主也会拥有面积较小的"囿"；而西方15世纪的意大利台地园、17世纪的法国规则式园林和18世纪的英国自然风景园也都是风行一时的园林设计。

园林的发展与历史文化的发展密切相关。随着生产力的发展，城镇开始形成，人们逐渐离开长期相处的山川森林，城镇雏形初现。但彼时只有封建王朝的帝王和贵族商贾才有权力和财富建造园林。他们建造宫苑、府邸、山庄和花园，以供自己享乐，反映出他们内心对自然的追求和向往。发展至近代社会，启蒙运动将自由和民主的概念带入寻常百姓家，城市公园和公共建筑的庭院花园开始出现，从由少数人占有和使用的帝王宫苑、显贵府邸、资本家的花园，发展为广大人民群众享用的公共绿地空间。

图1-5　工业革命时期的
环境污染

　　但是随着工业化时代的来临，人口向城市聚集，大量的工业生产导致
自然环境受到严重的破坏，带来了一系列的城市问题（图1-5）。在此过程
中，涌现出了众多的景观设计规划思想。

一、城市公园运动

　　18世纪末19世纪初，率先开展工业革命的欧洲已经产生了很多问
题。而在当时新兴的美国，一些有识之士开始对人们生活环境的问题展开
思考，避免重蹈工业化所产生的污染以及城乡对立等问题的覆辙。在这种
时代背景下，1858年美国景观设计师弗雷德里克·劳·奥姆斯特德主持
设计了纽约中央公园，在纽约市中心规划了一个3.4平方公里的开放式公
园，在密集的城市建筑中建立了一块绿洲。公园的建设受到了举世瞩目的
赞誉。人们认为该公园不仅改善了城市环境，还利于城市经济、社会与文
化的发展，随即在全美开展了一场轰轰烈烈的"城市公园运动"。1870年
奥姆斯特德在其著作《城市与公园扩建》中提出："城市要有足够的呼吸空
间，要为后人和子孙后代考量，城市是不断更新变化的，城市要为居民更
好的生活服务。"[1]这些思想，对美国及欧洲近现代城市公共绿地空间的规划
设计与建设产生了深远的影响。

二、田园城市

　　1898年，英国社会活动家霍华德发表了著作《明天：一条通向真正
改革的和平之路》，并提出了田园城市的模式，这是一个替代世纪之交拥
挤不堪、污染严重的工业城市的设计方案，每个城市由32000人组成，自
给自足（图1-6）。城市通过运河和交通工具连接起来，并建立永久性的绿
地。方案包括广阔的开放空间，目的是为城市贫民窟的居民提供最好的城

---

[1] 吴忠. 景观设计[M]. 武汉：武汉大学出版社，2017. 07：44.

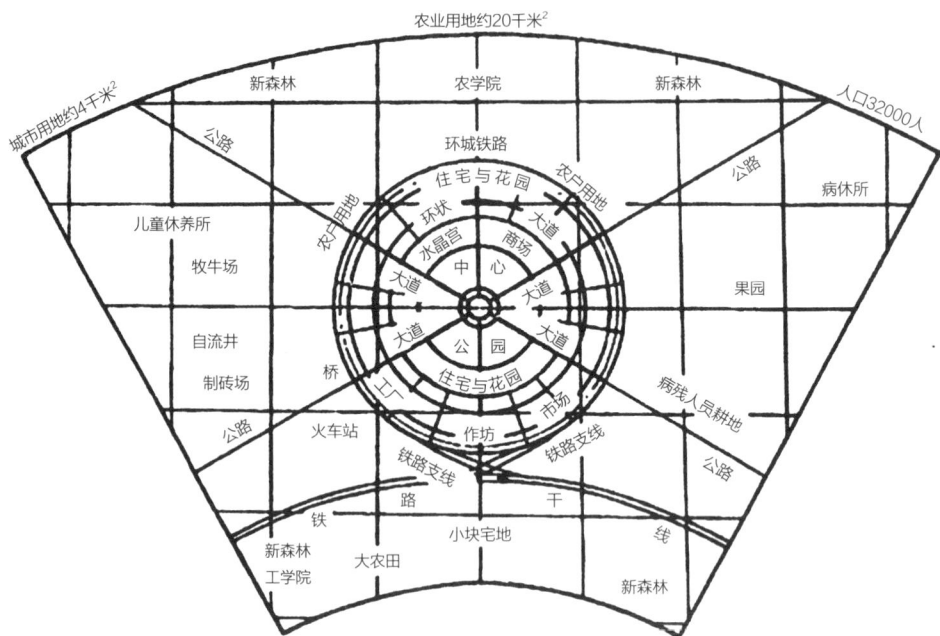

图1-6 田园城市示意

乡生活。其基本构思立足于建设城乡结合、环境优美的新型城市，"把积极城市生活的一切优点同乡村的美丽和一切福利结合在一起"。[1]

三、雅典宪章

第一次世界大战后，世界经济迅速恢复和发展。人口更加集中，城市框架不断扩大，人们感到只是建造房屋、扩大城市并不能满足人们生活多方面的需要。1933年，国际现代建筑协会在雅典签署了《雅典宪章》。[2]该宪章指出，现代建筑要与城市规划结合起来，现代城市要解决居住、工作、游憩和交通四大功能的问题。宪章明确提出，要在城市中建造公园、运动场和儿童游戏场等户外空间，并要求将城市附近的河流、海滩、森林和湖泊等自然景观优美地段开辟为公共绿地，这反映了当时人们已经认识到自然环境在城市生活中的积极作用。因此，自然环境作为城市游憩功能的主要组成部分，应该在城市规划和景观设计中得到应有的重视。

四、马丘比丘宪章

《马丘比丘宪章》是继《雅典宪章》之后的对世界城市规划和建筑设计颇有影响的一个文件，1977年，《雅典宪章》签署的44年之后，一些从事城市规划的建筑师和大学教授在智利利马，以雅典宪章为出发点进行了讨论，随后又在附近的马丘比丘古城遗址签署了《马丘比丘宪章》。《马丘

---

1 叶功富，洪志猛. 城市森林学[M]. 厦门：厦门大学出版社，2006：50.
2 章宏伟. 西方现代派文学艺术辞典[M]. 北京：社会科学文献出版社，1989：536.

比丘宪章》对《雅典宪章》的发展表现在以下几个方面：①城市与其周围区域之间的基本的统一性；②城市是由机构构成的，而不仅是分为居住、工作、游憩、交通四大功能分区；③住宅不能只当作实用商品，它应当是促进社会发展的一种强有力的工具；④文物保护与城市的体型结构和社会特征的保存；⑤使用者参与建筑设计。[1]

五、世界三大环境宣言

世界三大环境宣言为1972年在瑞典斯德哥尔摩提出的《人类环境宣言》、1982年在肯尼亚内罗毕提出的《内罗毕宣言》以及1992年在巴西里约热内卢提出的《里约环境与发展宣言》。宣言指出人的环境权利和保护环境的义务相统一，要合理利用自然资源，促进经济与社会发展。世界三大环境宣言的诞生，对于全人类保护生态环境，促进可持续发展具有重要的理论和现实意义，也促进了世界各国对于生态学、环境科学、环境伦理学的深入研究。

第四节　景观设计师的职责

1980年6月1日，威廉·K. 杜勒（William K.Doerler）在美国风景园林师学会一份报告中，对园林景观设计师提出了如下定义：园林景观设计师是园林景观的规划和设计者，他们将人类需求和生态需求结合在一起，创造其间的基本平衡。他们在工作中还要考虑合理用地和审美学要求。园林景观设计师不但可以设计小的私家花园，而且具备规划新的城市及各种规模公园能力。

园林景观设计师在制图和美术方面的功底使得他们所绘制的设计图能够被承建商使用。其创造性思想通过规划图和设计图表达成易于理解的形式。能够编写和理解详细的项目说明书是园林建筑师必须具备的技能，这样规划方案才能够被正确地实施。对人与其周围环境之间相互关系的深刻理解，使其能够解决土地规划中的相关问题。园林景观设计师可能对某些领域有专门的研究，如高尔夫球场、市政公园、居住社区或地区规划、住宅用或商业用房地产。另外，他们还应该熟悉植物栽培的必要条件和养护要点。

总而言之，景观设计师在城市规划、园林设计、住宅和商业项目等领域扮演着关键角色。他们在设计过程中注重生态可持续性和社区参与，以确保设计方案兼顾人们的需求并与周围环境协调一致。综合考虑地理、文化、生态、社会和经济因素，景观设计师通过布局、设计植物、水体和硬质景观等元素，旨在创造美学、实用和可持续的环境。其工作涉及对地

---

1 李国豪，等. 中国土木建筑百科辞典：建筑[M]. 北京：中国建筑工业出版社，1999：224.

形、植被、水资源和土壤等自然要素的综合利用，以及社会文化背景和居民需求的综合考量。通过这些综合性策略，景观设计师致力于创造具有艺术性、功能性和环保性的景观环境，为城市和社区的发展做出积极贡献。

本章总结

　　本章系统探讨了景观设计领域的概念及相关理论，并勾勒了景观从业者的职责范畴。首要任务在于引导学生深入了解景观设计的本质，并初步探索其理论发展脉络。通过对课程内容的反复阅读与深入思考，学生对景观设计实践有了初步理解，为未来的设计实践奠定基础。在培养学生的专业素养与设计能力方面，本章具有重要的启蒙指导意义。

课后作业

　　（1）通过资料查阅，了解不同时期的景观设计的表达方式，并尝试简要分析其特点。
　　（2）讲一讲自己心目中的景观设计师应该掌握哪些技能，如何做出好的景观设计？

思考拓展

　　根据课程内容，思考在当今时代，作为设计者的我们需要怎样做出好的设计，请做简要说明。

课程资源链接

课件

第二章　景观设计基本原则与方法

第一节　景观设计基本原则

一、"以人为本"原则

"以人为本"的原则应是环境规划者和设计者在对居住区环境设计中最首要、最基本的原则。景观设计要注重人的主观能动性，人和物质环境要素构成了环境中的主体和客体，包括习惯、行为、性格和爱好等，这些要素都决定了人对环境空间的选择。我们设计和营造的目的并不是只完成环境设计中物质空间形态，而应始终坚持：环境的建构应是服务于人、取悦于人的。所以一个景观设计成功与否，最终要看它在多大程度上满足了人们在此类环境中活动的需要。

二、生态原则

生态原则本质上就是在设计过程中对环境破坏最小的前提下实现生态与美的统一。自然环境为人类的生存发展提供了强有力的支持，但同时自然环境也是脆弱的。景观建设的过程中，如果没有详细的自然背景调研，以及长远的环境规划，很容易导致生态环境失衡。

（一）防治环境污染

工业化使地球污染趋于严重，景观设计不仅要防止和治理环境污染、保持和维护自然环境，而且在建设的过程中也要做到低碳环保，合理利用材料与土地资源，不要使景观自身成为一种污染。

（二）尊重固有环境

自然资源，包括土地、水体都是丰富景观构成的要素，且有利于打造特色景观，应充分尊重自然地形地貌，不宜进行大刀阔斧的环境改动。

（三）可持续发展的设计

可持续发展景观是指在设计、规划和管理室外空间时，综合考虑社会、环境和经济因素，以确保创建的景观既满足当前需求，又不损害未来

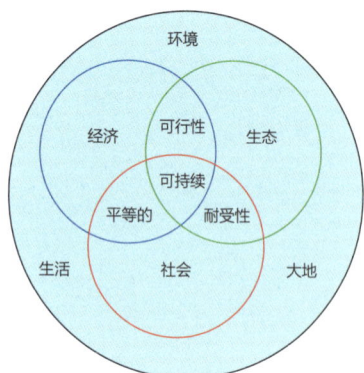

图2-1 可持续发展示意

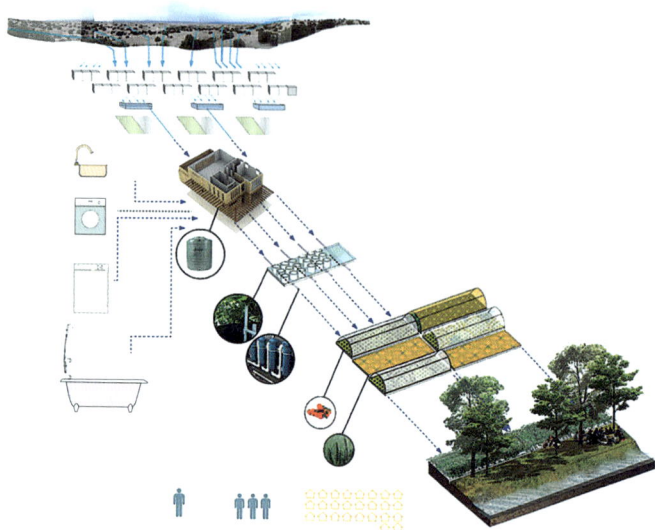

图2-2 沙漠可持续生态景观示意

时代的景观设计。这一概念强调创造健康、宜人、具有生态可持续性的空间（图2-1、图2-2），促进社区的繁荣，同时最大程度地减少对环境的负面影响。"一个完整的城市景观生态设计应同时考虑景观的生态过程与生态功能，自然环境的审美功能和精神功能。"[1]

三、经济性原则

景观设计的经济性原则着眼于确保项目在经济层面上具有可持续性和效益，包括通过成本效益分析在设计初期权衡各种选择，最大化资源利用以降低成本，确保项目与市场需求相符，关注投资回报和长期价值，探索创新的设计和施工方法以提高效率，考虑项目对社区和周边地区的社会经济效益，以及强调可持续性原则，包括资源的可持续使用和社会受益。

四、文化性原则

景观设计中的文化性原则，旨在于规划和设计中充分融入文化元素，打造独具文化意义且反映社区特色的室外环境。通过深入了解当地社区的历史、传统和生活方式，设计师要致力于尊重和展现多元文化的价值观，通过使用符号、象征和文化图腾等元素传达特定文化的价值观。通过鼓励社区参与、保护历史文化遗产、突出地域特色以及考虑社区庆典和文化活动的需求，景观设计在促进社区认同感和文化传承方面发挥关键作用。文化性原则的应用使得景观设计成为社区文化的有机组成部分，提升了设计的深度和价值。

---

[1] 高卿. 景观设计[M]. 重庆：重庆大学出版社，2018：28.

五、地域性原则

　　景观的地域性原则要求对设计区域的自然地域和社会文化地域特征加以利用和反映，以形成地域景观特色。首先，在植被选择上，要根据当地气候和土壤条件选择适应性强的植物，以保持生态平衡。其次，设计应当融入当地的地形和水体特征，充分利用地形起伏、河流和湖泊等自然元素，打造更加自然的景观。此外，地方建筑风格和文化元素也应融入设计中，以反映当地的传统和文化。选择当地的建筑装饰材料有助于减少环境影响，并促进本地经济的发展。在设计过程中，要考虑到当地历史、传统和人文因素，将这些元素有机地融入设计，以弘扬地方文化。与社区居民密切合作，获取他们的反馈和参与，以确保设计方案符合当地需求。最终，景观设计要强调并突显地方独有的自然景观特色，如山脉、湖泊等，使设计更好地融入自然环境。通过这些地域性原则的应用，景观设计能够更好地适应特定地区的环境和文化，实现与当地社区的和谐共生（图2-3、图2-4）。

图2-3　苏州博物馆

图2-4　上海广富林遗址公园

第二节　景观造景设计方法

　　景观造景是一种通过巧妙配置植物、水体、建筑等元素来创造出美观、实用和有趣的室外环境的设计手段。这种方法不仅可以让我们的周围环境看起来更加美观，还能反映出不同文化和个性。通过选择合适的设计元素，我们可以使室外空间更适应我们的需求，比如提供休闲、娱乐或学习的场所。此外，景观造景设计还注重环境的可持续性，因为选择适合当地环境的植物和自然元素有助于环保，并改善人们的心理健康，促进社交活动。

一、对景与借景

　　在景观设计的平面布置中，往往有一定的建筑轴线和道路轴线，在轴线尽端安排的景物称为对景。[1]所谓"对"，就是相对之意，即"你中有我，我中有你"。对景往往是平面构图和立体造型的视觉中心，对整个景观设计起着主导作用。

　　对景可以使两个景观互相观望，丰富景观特色，通常选择园内透视画面最精彩的位置。对景又可分为直接对景与间接对景，直接对景是视觉最容易发现的景象，如道路尽端的亭台、花架等，一目了然；间接对景并不将景观直接设置在道路的轴线上或行走动线上，而是隐蔽或偏移，给人以移步而景异的新奇之感（图2-5）。

　　而借景则是一种较为常见的景观设计手法，通过设计巧妙的布局，使园林中的景物与周围的自然或其他人造景观相互呼应，达到一种视觉上的延伸和融合。如苏州拙政园可以从多个角度看到几百米以外的北寺塔，在有限的园林空间内扩大景物的深度和广度，丰富游赏的内容（图2-6）。

图2-5　苏州拙政园

图2-6　苏州拙政园借北寺塔之景

---

[1] 徐清. 景观设计学 第2版[M]. 上海：同济大学出版社，2014：124.

二、障景与隔景

障景也称抑景，在景观中起着抑制游人视线的作用，是引导游人转变方向的屏障景物。它能欲扬先抑，增强空间景物感染力，引领观者感受曲径通幽、层层叠叠的景观。障景按布置的位置分为三种：入口障景、端头障景和曲障。入口障景就是位于景区入口处，为了达到欲扬先抑、增加层次、组织人流等作用而设置的（图2-7）；端头障景是位于景观流线的结尾处，希望游人有所回味，留有余韵，令人流连忘返、回味悠长；曲障是运用建筑题材，通常在宅园，使游人经过转折的廊院才可到达园中。

隔景与障景不同，隔景可以避免各景区的互相干扰，增加园景构图的变化，隔断部分视线及游览路线，使空间小中见大（图2-8）。将园林绿地分成若干个空间的景物，以获得园中有园、景中有景的艺术效果，以丰富园林景观。障景是出其不意，本身就是景，在许多时候，它起到障丑扬美的作用。隔景旨在分割空间景观，并不强调自身的景观效果。

三、延伸与渗透

景观延伸是指通过设计使景观在视觉上延伸出去，与周围的环境形成一种连续、统一的视觉感受。其中包括形状、线条、颜色等景观设计元素的延伸，使得整个景观看起来更为自然、流畅，并与周围的自然或人造环境融为一体（图2-9、图2-10）。

图2-7　苏州沧浪亭复廊

图2-8　苏州拙政园

图2-9　曼谷"天空森林景观"步道1

图2-10　曼谷"天空森林景观"步道2

图2-11　周口万达芙蓉湖生态城市公园/林德设计

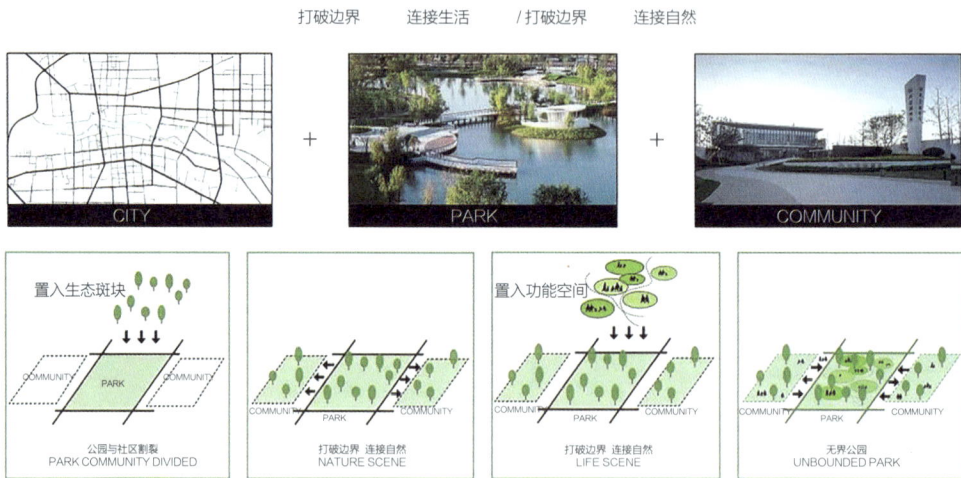

打破边界　　连接生活　　/打破边界　　连接自然

图2-12　周口万达芙蓉湖生态城市公园概念/林德设计

渗透是指景观设计中元素穿越物理或视觉障碍，与周围环境形成一种过渡和交融。这可以通过透明的材料、开放的结构、引导线条等方式实现，使得景观元素能够更好地与周围空间互动，提升景观的开放性和通透性（图2-11、图2-12）。

这两个概念强调了景观设计中的连续性和互动性。通过景观延伸，设计师可以创造出一种自然而流畅的感觉，使人们在环境中感到更为舒适。而通过渗透，设计师可以打破界限，使设计元素穿越障碍，与周围环境形成更为紧密的联系，增强空间的一体感。

四、节奏与韵律

节奏与韵律，是景观设计中常用的手法，而这在本质上很难进行详细的区分。在景观的处理上，节奏包括铺地中材料有规律的变化，灯具、树木排列中以相同间隔的安排，花坛座椅的均匀分布等（图2-13、图2-14）。而韵律是节奏的深化，韵律经常要凭感觉去体会。韵律最具感

图2-13 日本驹泽奥林匹克公园1

图2-14 日本驹泽奥林匹克公园2

染力，如同音乐的主旋律，好的造型艺术作品以其潜移默化的韵律感打动欣赏者的心灵。"韵律与节奏是一个整体，节奏的变化可以产生韵律，韵律感中必然有节奏的存在。"[1]

本章总结

　　本章着重阐述了景观设计领域的基本原则和设计技巧，旨在培养学生在未来的景观设计实践中能够灵活运用这些理论知识。通过深入剖析景观设计的基本原则及设计手法，本章旨在启发学生对于景观空间的审美意识与功能合理性的把握能力，并引导其在实践中将理论转化为实际作品。

---

[1] 徐清. 景观设计学 第2版[M]. 上海：同济大学出版社，2014：128.

课后作业

（1）景观设计有哪些原则和方法？

（2）按照学生自己的思路，选择校园一角或者感兴趣的地点进行的景观节点设计，并尝试与身边的同学互相指出各自的设计中使用了哪些设计方法。

思考拓展

通过多渠道资料查询，搜集经典的景观设计案例，结合本章所讲知识，分析这些案例都运用了哪些设计手法。

课程资源链接

课件

第三章 景观设计构成与元素

第一节 景观设计空间构成

　　景观设计的空间构成是指在设计中利用各种元素和组织原则，对空间的布局、形状、大小、尺度、层次、序列等方面进行严格考究，最终形成和组织景观空间的结构和形态。"它是指景观设计诸要素的结构方式和表现形态，即环境的存在方式和外部表现形态。它是以一定结构组成的具有相应功能的系统。"[1]（图3-1）

　　其中，"地""顶""墙"是构成空间的三大要素，在建筑学中，这三大要素代表的含义如下。

　　（1）地（Floor）：通常指建筑的地面部分，包括地板、地基等，是人们行走的平面。

　　（2）顶（Roof）：是建筑的顶部覆盖结构，提供遮蔽和保护，同时定义了建筑的外观。

　　（3）墙（Wall）：是建筑的垂直结构，用于界定空间、提供支持和隔离内外环境。

图3-1　室外景观设计

---

[1] 韩巍，刘谯. 室外景观艺术设计[M]. 天津：天津人民美术出版社，2003：7.

在景观设计中，我们也可对这三种要素做如下理解。

（1）地（Ground）：涵盖了地表的各种特征，包括地形、铺装、草坪等，是景观设计中用于创造各种场地和功能的基础。

（2）顶（Sky）：表示天空，是景观设计中一个重要的参考元素，包括阳光、天气、季节等对空间氛围产生影响。

（3）墙（Enclosure）：在景观设计中，墙可以是建筑物的外墙，也可以是植物、雕塑或其他结构，用于界定和包围空间，为其赋予边界和私密性。

第二节　景观元素

一、地形地貌

地形地貌是景观设计最基本的场地和基础。地形通常指地球表面的物理形状、起伏和特征，包括山脉、河谷、丘陵、平原等。而地貌是指地球表面的自然形态或特征，包括由地形、岩石、土壤、水体等形成的各种地貌类型。地貌是地形和地质过程相互作用的结果，如峡谷、沙丘、冰川等。总体而言，地形描述地球表面的物理形状和高程变化，而地貌更侧重于地表上形成的各种自然特征和景观（图3-2～图3-5）。

图3-2　美国犹他州河谷

图3-3　中国东北平原

图3-4　冰川

图3-5　沙丘

地形地貌作为景观设计的基本要素，"它的作用如同建筑物的框架，或者说是动物的骨架。地形能系统地制定出环境的总顺序和形态，而其他因素则被看作叠加在这构架表面上的覆盖物。"[1]

地形地貌在景观设计中的主要作用如下。

（一）塑造景观形象

地形地貌作为景观的"骨架"，对于景观整体形象的塑造有着最为重要的作用；平坦的地形，如平原与草原，辽阔的视野给人以宁静祥和的舒适感；而山脉、山丘和峡谷此起彼伏的形态创造出丰富的层次感，并且在不同时刻与角度的光线影响下，营造出更为深邃迷人的画面（图3-6）；湖泊、河流生生不息，在光线的照耀下散发着自然界活跃的生命力；沙漠沙丘其独特的纹理与质感，则给人们带来不一样的视觉感受。

（二）划分景观空间

地形地貌可以明确地划定不同区域的边界，形成自然的屏障，使得景观空间在视觉上更加清晰有序。不同高度和形态的地形地貌，使得空间在垂直与水平方向上产生层次变化，呈现出更加深邃立体的景观样貌，并且增加了景观的趣味性与可观赏性。

（三）改变地区微气候

地形地貌能够影响局部区域的光照、风向、风速等气候因素。如在山地环境中，面对太阳一侧的山坡被称为"阳坡"，反之背对太阳一侧的山坡被称为"阴坡"，阳坡受到日照时间更长，所以温暖舒适，植被生长更为茂密，适合建筑选址及游憩活动的安排；而阴坡空气温度相对较低，相比于阳坡则更加凉爽，但是只适合喜阴植物生长且植被面积相对较少（图3-7）。

图3-6　泰国翠峰茶馆坡地景观

图3-7　日照下的山坡

---

[1] 高卿. 景观设计[M]. 重庆：重庆大学出版社，2018：21.

二、景观植物

植物是有生命的自然要素，是景观设计的主角，远观近赏，四时相宜。加雷特·埃克博（Garett Eckbo）把植物看作是"一个日益失去自然本质的时间里，人们借以返璞归真的诗意的生命寄托物"。[1]除了造景以外，植物还具有生态、防护、分隔空间等功能。景观设计中，植物配置既是一门艺术，也是一门科学，应当深入了解气候特征、立地条件、植物生长习性及造景需要，进行合理搭配。

在设计中，应把握植物色彩、形态、质感的物理特性；植物或者植物群落的色彩是由它上面反射的光线波长所决定的，植物的叶片中含有不同种类的色素，这些色素对不同波长的光产生吸收和反射的效果并且表现出视觉特征，它能吸引注意力、影响情绪与环境气氛。而植物的形态与质感主要由叶片、植株高度、果实、枝干等方面表现出来。

通过植物的色彩、形态和质感来创造丰富的视觉和触感体验。植物的选择和搭配可以根据设计的目标和环境条件，打造出独特而具有吸引力的室外空间（图3-8、图3-9）。

植物在景观设计中的主要作用如下。

（一）观赏功能

植物通过枝叶疏密、季相的变化以及随时间不断改变的姿态不间歇地为景观注入美感，创造出宜人的外观。微风轻拂，树影婆娑，为人们带来视觉、听觉、嗅觉的愉悦感受，同时还带来了美妙的意境。植物不仅能够作为空间中视觉焦点的主景，还能够与山石、建筑等其他景观要素搭配，弱化人工痕迹，衬托景观主体（图3-10～图3-12）。

图3-8　植物造景1

图3-9　植物造景2

---

[1] 赵良. 景观设计[M]. 武汉：华中科技大学出版社，2009：55.

图3-10 印度班加罗尔国际机场植物景观设计1

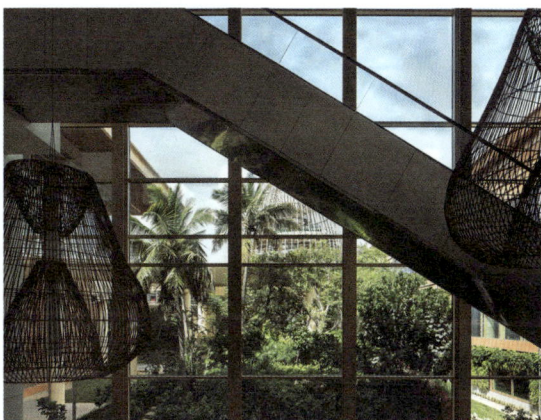

图3-11 印度班加罗尔国际机场植物景观设计2

（二）空间分隔和界定

植物在景观设计中具有重要的空间界定作用，根据植株高度的不同，可以用来划定空间、界定边界，为景观赋予结构和层次感（表3-1）。低矮植物覆盖地表，中型植物可以用于交通流线引导，而大型植物可以分隔空间（图3-13、图3-14）。

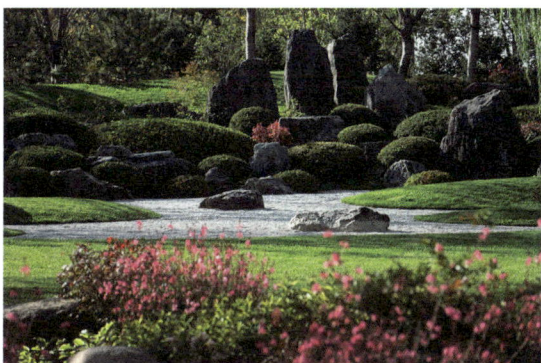

图3-12 RANYA酒店植物景观设计

表3-1 　　　　　　　　　　　　　**植物高度与效果**

常见植物组合方式	植株高度范围（cm）	景观效果
花卉、草坪	1～20	覆盖地表，美化开敞空间
灌木、花卉	20～45	产生引导效果，界定空间范围
灌木、竹类、藤本类	45～100	产生屏障功能，改变暗示空间的边缘，限定交通流线
灌木、竹类、藤本类、微种乔木	100～300	分隔空间，形成连续完整的围合空间
藤本类、小种乔木	100～600	产生较强的视线引导作用，可形成较私密的交往空间
灌木、藤本类、中种乔木	45～1200	形成封闭空间，具有遮蔽功能，并改变天际线的轮廓

图3-13 RANYA酒店植物景观设计

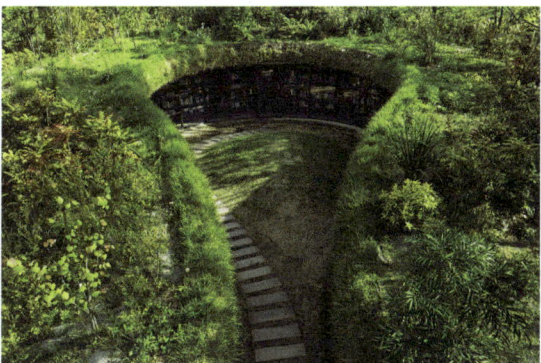

图3-14 克鲁克田野农场（KURKKU FIELDS）书屋

（三）生态功能

（1）光合作用。绿色植物是大气中二氧化碳的天然消费者和氧气的制造者，起着使空气中二氧化碳和氧气相对平衡稳定的作用；在炎热的夏季，植物在蒸腾的过程中吸收并消耗周围空气中的热量，可以达到降温的效果，并且景观植物可以通过叶片蒸发大量水分，提高空气湿度。每公顷草坪每年可散发出6000~7000m³水分，这样可增加空气湿度，从而调节城市气温；相关研究表明，绿色植物在夏季可以吸收60%~80%的日光能，70%的辐射能；拥有垂直绿化的墙体表面温度相差在5℃左右；草坪表面的温度相比于裸露在外的地表温度要低6~7℃，而乔木、灌木、草本植物组团的降温效度约为草地的2.6倍。[1]

（2）净化空气作用。绿色植物通过叶片上的呼吸孔将空气中的污染物吸附在叶片与枝条上进行降解，通过光合作用释放氧气；这种收集、降解、释放的循环过程对空气环境起到了很大的帮助作用。[2] 2012年我国开始重视的PM2.5入肺颗粒物检测，这些带有铅、锰、锑、砷等有害金属元素的颗粒在缺乏干预的情况下能在空气中自由飘浮相当久的时间，不仅会散射阳光形成雾霾，还会直接影响人的生命健康，而植物均可以有效地吸附这些对人体有害的细微颗粒物，抑制有害粉尘。

（3）增加生物多样性。在植物群落中，生物多样性不仅仅是指其范围内植物物种的多样性，还包括了植物群落范围的动物以及微生物，它们不同的基因与生态系统共同成就了群落的生物多样性（图3-15、图3-16）。

（四）其他作用

（1）休憩作用。景观空间作为一个具有"人情味"的场所，户外空间并不是单纯"经过"的区域，而是能够让游人驻足，享乐其中。美国风景规划师理查德·P. 多贝尔（Richard P. Dobel）也曾将社区内供人们休

图3-15　植物景观1

图3-16　植物景观2

---

[1] 苏雪痕. 植物景观规划设计[M]. 北京：中国林业出版社. 2012：48.

[2] 王笑然，马勇，陈丽. 利用植物的吸收净化能力改善城市生态环境[J]. 太原科技，2003：2.

息、思考或是与他人交流思想的座位数量，作为一项重要的"社区参与指数"来衡量社区生活的生动程度。

（2）防震减灾作用。植物景观除了有益于景观建筑，提升社会环境美观度等日常作用之外，还可以在突如其来的自然灾害中提供庇护作用。当人员密集场所发生灾难时，开敞的植物空间可以提供给人们紧急避难空间，树篱、树墙也能够阻挡部分烟雾灰尘并且其围合起来的通道也可以提供指引作用。

（3）精神共鸣作用。中国文化中，植物往往是空间观赏不可或缺的内容，并且植物具有拟人化的品格特性，如玉兰、海棠、牡丹象征富贵吉祥；水仙象征冰肌玉骨，清秀优雅，仪态超俗，雅称"凌波仙子"，象征吉祥；菊花凌霜盛开，一身傲骨，象征高尚坚强的情操。兰花象征高洁，松柏象征坚贞不屈，梅花象征高清清雅，竹子代表气节和虚心。松、竹、梅组合在一起，合称"岁寒三友"，代表坚贞不屈、挺拔坚毅的品格。借助植物点景，可以引起人们的精神共鸣，激发人们的文化认同。

三、景观道路

道路是景观设计中的重要组成部分。它不仅为人们提供行走交通的通道，还是塑造空间、定义景观结构的重要元素。一般情况下，道路分为主要道路、次要道路、小径三种类型（表3-2）。[1]

表3-2　　　　　　道路类型及设计注意事项

道路类型	宽度	注意事项
主要道路	应大于4m	满足机动车通行和游人游览的需求，完善各功能分区和主入口之间的联系。在选择主路的宽度时，应与公园规模相适应。通常来说，满足机动车通行的路面宽度最好在4～6米之间，而转弯半径不应小于12米。为了确保车辆通行及轮椅、儿童车的便捷通行，主路不应设置台阶，而最大纵坡坡度也不得大于8%
次要道路	2～4m	次要道路联系景区内的景点，在功能上是对主路的辅助和完善。根据公园规模和整体布局，考虑支路是否有车辆通行的需要，通车路面宽度不应低于3.5m，纵坡大于12%的园路应设台阶，主路、支路的路面还应设有1%～3%的横坡，设台阶的园路同时要设置无障碍通道
小径	约1～2.5m	由主路和支路派生出去，遍布全园，可以深入到山间、水际、景点内部，供游人散步游览，是园路系统的重要组成部分。小路布局更为灵活多变，面层可选择石板、卵石、方砖、木板、毛石等材料，小路在局部可转化为步石、蹬道、台阶、桥、汀步等

---

[1] 陈芊宇，王晨，邓国平. 景观设计[M]. 北京：北京工业大学出版社，2014：138.

四、景观水体

图3-17 九寨沟"镜海"景观

水是自然界最为活跃的因素，是构成自然环境的重要因素之一（图3-17）。几乎所有人都对水有不可言说的亲近感，这在一定程度上来自于我们祖先寻找水源维持生存的本能。伊恩·麦克哈格说："水，作为侵蚀和沉积的媒介，将地质演化与现实地貌相联系。"无论在中国古典园林的建造还是在当代景观艺术设计中，水都会为设计者带来灵感，使其建构出不同凡响的景观作品。此外，水体除了能作为景观中的造景因素，还有许多实用功能，如使空气凉爽、降低噪声等。由于水的流动性，水体能表现出无穷无尽的形状，也可以通过与园林景观的假山、树木组合，形成声音、形态、色泽的结合，给人以美的享受。[1]

水景可分为自然水景与人工水景两大部分；自然水景是由自然力量塑造的水体，如河流、湖泊、海洋、瀑布等（图3-18），形成过程通常是自然地质和气候力量的结果，其具有天然的生态特征，水体状态受到自然环境的影响更多。在景观设计的过程中，要保护和强调自然水景的原生态特征，创造出自然环境中的宁静、美丽、生态平衡的景观。设计的重点在于保护和维护自然水体的生态系统；而人工水景是通过人工手段创建的水体，如人工湖、喷泉、水池、人工水道等（图3-19），是设计师通过规划和建设产生的景观要素。

人工水景具有可塑性强、造型多样的特点，设计者可以通过控制水流、形状、颜色等因素，创造出丰富多彩、艺术感强的景观。其设计目的

图3-18 美国落基山脉景观

图3-19 法国圣米歇尔喷泉

---

[1] 王晓晓，马新. 景观小品设计[M]. 重庆：重庆大学出版社，2019：105.

通常在于美学、装饰和提升景区的观赏性。它可以用于城市广场、公园、庭院等场所，通过水体的流动、喷射、反射等形式，增加空间层次感和艺术氛围。

景观水体的作用如下。

（一）美学与景观价值

水体通过其本身的物理特性，呈现出不同的动静、光影、声音、色彩等效果，给人以丰富的视觉、听觉、触觉等情感的享受。光线透过水面时形成的光影效果可以在水体上产生迷人的折射和反射，营造出丰富的光影层次。微风拂过水面，流动的水体泛起的层层涟漪为场地注入活跃的生命力；不同地理环境下的水体呈现出不同的颜色，从湛蓝到碧绿，为景区注入丰富的色彩（图3-20）。

图3-20　九寨沟"五花海"

（二）社会价值

水体及其周边区域可以成为社区中的公共空间，为居民提供社交和聚会的场所。用水体作为文化表达的媒介，在水体周围布置雕塑、艺术装置等，传递社会文化（图3-21）。

图3-21　法国凡尔赛宫阿波罗喷泉

（三）生态价值

水在景观设计中具有重要的生态作用，对生物多样性、生态平衡和环境可持续性产生深远影响。水体本身就是一个丰富多彩的生态系统，为各种水生植物和动物提供了充足的养分与理想的栖息地；在城市中，水体的存在可以减缓热岛效应，通过吸收和释放热量调节城市气温（图3-22）。

图3-22　泰国朱拉隆功大学百年纪念公园

五、景观照明

景观活动空间的照明，其对象包括景观建筑外观照明、道路照明、绿地照明、水体照明、景观小品照明等（图3-23）。"照明设计是根据景观性质与特征，将这些对象通过科学的、艺术的手段组合成有机整体，达到和谐、完美的效果。"[1]

---

[1] 荆福全，陶琳，陈健. 景观设计[M]. 青岛：中国海洋大学出版社，2014：104.

图3-23　景观照明

景观照明的作用如下。

（一）观赏价值与艺术表达

通过景观照明设计，可以使建筑、植物或景观特色在夜间展现出艺术的美感。不同的照明方案可以营造出温馨、浪漫、现代、科技感等不同氛围，通过光影的变化使观者感受到不同的场所体验（图3-24）。

（二）提升安全性与路线引导

景观照明可以提高夜间环境的可见性，减少意外事件的发生；照明可以标明路径、楼梯和其他重要区域，引导人们在夜晚正确、安全地行走，保障人们在夜间的安全（图3-25）。

（三）景观塑造

通过景观照明的方式，不仅突显景观元素的轮廓和细节，使其在夜间更具立体感和艺术感，还可以使各个景观元素在光线的照射下在夜间呈现出截然不同的效果，凸显其形态、纹理和颜色，提升景观质量、趣味性与吸引度（图3-26）。

在景观照明设计中，我们要处理好整体与局部的关系，照明设计应在

图3-24　商业景观照明

图3-25　公园景观照明

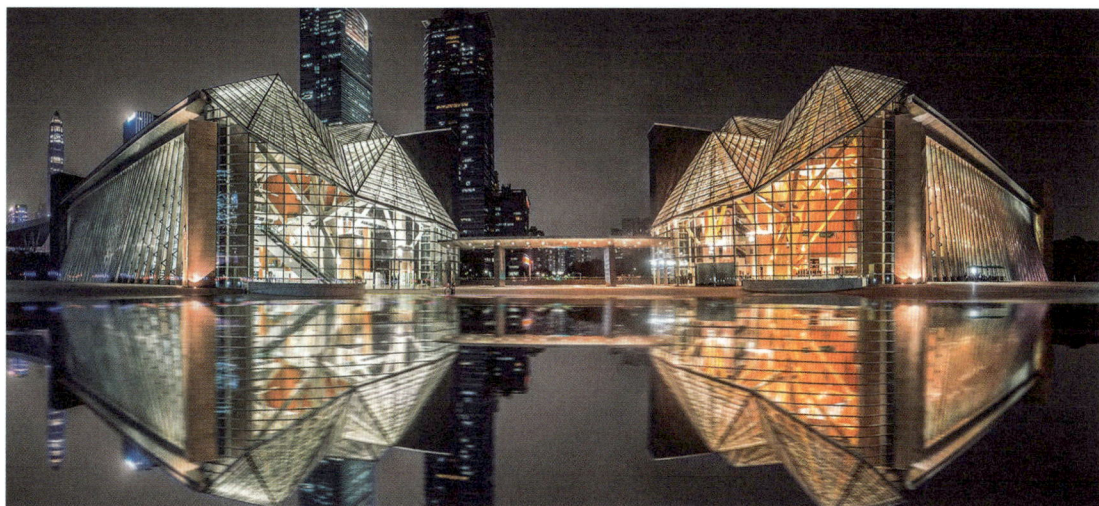

图3-26 建筑照明

知悉总体规划要求的前提下开展，要确保照明亮度和色彩处理与周围环境的有机统一；此外，还需要考虑后期的设备维护与光污染问题（表3-3）。

表3-3 　　　　　　　　　　**照明分类及注意事项**

照明类型	场地	照度（Lx）	注意事项
交通照明	景观道路	10～30	灯具应选用带遮光罩下照明；避免强光直射人眼
场地照明	运动场地	100～200	避免眩光，采用较低处照明；光线宜柔和
	广场	50～300	
安全照明	出入口	50～70	灯具应设在醒目的位置
装饰照明	植物绿化	150～300	应禁用或少用霓虹灯和广告灯箱
	景观标识	200～300	
特殊照明	景观小品	150～200	采用侧光、投光和泛光灯多种形式；灯光色彩不宜杂乱
	建筑		

注：照度的国际单位是勒克斯（Lx=Lux）或辐透（Ph=Phot），1勒克斯=1流明/平方米，1辐透=1流明/平方厘米，1辐透=10000勒克斯。满月月光的照度约为0.2Lux，烈日照度约为100000Lux。

六、景观小品

景观小品是景观的重要组成部分，通常数量不会很多，但却是画龙点睛之笔。常见的景观小品类型如下。

（一）景观休憩设施

休憩设施在景观场地中给人提供驻足休息便利，如景观中常见的"亭""廊"；根据设计需求与场地形态，休憩设施的规模与形状也不尽相同（图3-27、图3-28）。

图3-27 景观座椅1

图3-28 景观座椅2

（二）标识系统

标识系统是指特定环境中引导方位、指示方向、传达信息的设施，常见的载体形式是标识牌、广告柱等。标示系统的设计旨在简洁、清晰地传达信息，以确保人们在特定环境中能够迅速而准确地了解和遵循相关指示。标识系统的设计是图形、文字、符号的结合，同时也是视觉传达、产品造型和环境艺术的结合。一般标识系统常设置在醒目位置，如广场入口、道路交叉口、道路边缘等。设计时需要考虑指向目的、环境条件和信息传达的即时性（图3-29）。

（三）景观雕塑

景观雕塑不仅是美化环境、增加场景氛围营造的手段，还是一种传递思想感情的方式。景观雕塑的构建位置要得体，并有良好的观赏条件，要注意雕塑与相关景观的相互衬托和补充。雕塑的材料有木材、大理石、金属、陶瓷等。一般情况下，雕塑可分为纪念性雕塑、主题性雕塑、装饰性雕塑。纪念性雕塑主要为了纪念一些伟人和重大事件，一般在环境中处于

图3-29 路口标示柱

中心和主导地位；主题性雕塑是在特定环境中，为增加文化内涵，表达某些主题而设置；装饰性雕塑主要在环境中起到装饰与美化的作用（图3-30~图3-32）。

景观小品作用如下。

（一）美化景观环境

通过精致的景观小品设计，为场地增添艺术感和美感，有助于提升人们对环境的愉悦感，创造更宜人的景观空间。

（二）增加趣味性

景观小品可以增加环境的趣味性和活力。有趣的雕塑、美观的花坛、幽静的石头路径等，都能吸引人们停留、观察和互动。

（三）引导流线

合理设置的景观小品可以引导游人移动方向，帮助规划和优化空间使用。

（四）信息传递

景观小品除了可以传递引导流线的路线信息之外，还可以作为精神文化的载体，作为具有纪念意义的节点，传递情感信息。

图3-30　上海人民英雄纪念碑

图3-31　公园纪念雕塑

图3-32　装饰性雕塑

本章总结

本单元深入探讨了景观空间的构成和要素特征，并对各个景观要素在空间场景中的功能与作用进行了全面概述，旨在引导学生初步领会景观设计的多维思考与设计细节的关注。本单元强调了学生对景观空间各要素的认知与理解，以及这些要素在空间场景中的相互关系和作用机制，有助于学生建立起全面系统的设计思维，并注重在实践中细致入微地关注各个细节，从而打造出更加优质的景观设计作品。

课后作业

（1）尝试从本单元所讲的景观要素中选取一个感兴趣的类型，制作与其相关的设计小品，并附上设计说明。

（2）观察身边的景观设计场地中分别使用了哪些景观构成要素，思考这些景观设计有何优缺点，如何改进。

思考拓展

结合当代社会老龄化的问题，你认为在今后的景观设计实践中，应该在景观空间内重点考虑哪种类型的景观要素设计？谈谈你的看法。

课程资源链接

课件

第二部分

景观设计
实践

第四章　景观设计空间调研

第一节　设计前期准备

　　设计的前期准备是整个设计过程中至关重要的阶段，它对于最终设计的成功和效果具有深远的影响；从景观设计的角度理解，设计前期准备是对景观设计的基本概念、理论、历史、审美特征等设计要素有了一个比较全面的了解之后，设计者对某一特定场地进行深入、系统化的分析，然后通过对景观构成要素和基本形式要素的科学、灵活使用，筹划并完成建造过程。

　　在这一过程中，需要遵循一些重要的原则和程序。这些原则、程序对于景观设计而言是必不可少的指导性原则和重要的基础。主要包括以下几个方面。

一、对前期项目的总结

　　在此阶段，设计者可以对历史上曾经出现过的风格流派及经典案例进行总结，从中提取人们在对设计作品品鉴时的生理、心理、审美趣味、风俗习惯，并有机结合其中的文化背景、历史变迁等特点进行总结。这种对以前经验的总结，是建立在这样一个事实基础之上的：无论艺术史或设计史呈现给人们的是怎样一个各种设计艺术风格变幻多端的画面，也不论人类设计史或艺术史被认为是一部"发展史"或是一部"变化史"，至少在一段历史时期之内，艺术设计风格以及人们的审美趣味等都呈现出一种变化中有延续、变化中有循环的特征。[1]

二、对相关技术与学科发展的学习总结

　　在科学技术日益发达的今天，学科之间的联系愈发紧密，景观设计也不例外，包括设计程序优化、推理判断方法、建造技术、经济性评价等都需要更先进的技术与科学理论来进行方法与理论的支撑。例如在进行城市公共景观场所设计时，景观场地的人流量的统计、场地设施的设计尺寸等

---

[1] 韩晨平. 景观设计原理与方法[M]. 徐州：中国矿业大学出版社，2016：169.

方面，都需要依靠地理信息学、统计学、人体工程学上的科学知识进行总结和推断，最终得出有依据的数据信息运用到景观设计中去。

三、设计者的个人修养

由于不同设计者存在对设计的理解、专业方向、个人喜好的区别，所以对于同一处场地，不同设计师作出的设计作品也可能大相径庭。所以在掌握了景观设计的一些基本理论之后，要注重个性化的灵活运用，要将设计与社会、使用者的真正需求联系起来，只有这样才能创造出为社会大多数人接受并喜爱的景观设计作品。

四、注重场地的特点

景观设计需要考虑每个场地的独特性，不同场地的自然环境、气候条件都不会完全一致，气候温暖的南方的景观设计思路不能完全适用于气候干冷的北方，以旅游景点为主的景观设计方法未必适用于城市公共空间的景观设计，这需要设计师因地制宜地进行设计。

第二节　场地调研

场地调研包括对场地的现场踏勘、环境和自然条件的评价，以及对地形、地势和造景构图关系的设计构想，内容和意境的规划性考虑以及基址的选择确定。

明造园家计成在其著作《园冶》中就曾提到："园基不拘方向，地势自有高低；涉门成趣，得景随形，或傍山林，欲通河沼。探奇近郭，远来往之通衢……让一步可以立根，斫数桠不妨封顶。斯谓雕栋飞楹构易，荫槐挺玉成难。相地合宜，构园得体。"[1]基地作为承载自然及人文衍生变化的平台，受到自然因素及人文因素的各种影响，与外部环境有着密切的联系，全面掌握和理解基地的所有信息，可以为实际设计中的各种问题提供可靠资料与依据，以及立意的线索。

在进行场地调研时，可以从以下几个角度展开。

一、自然资源

景观设计的自然资源要素，主要包括气候、地质、土壤、水体、植物。

（1）气候。包括日照、气温、湿度、风向、风速、大气污染、积雪、微气候、冻土厚度、静风频率等要素，是影响场地的最重要因素（图4-1～图4-3）。

---

1 张法. 中国美学史（修订本）[M]. 成都：四川人民出版社，2020：454.

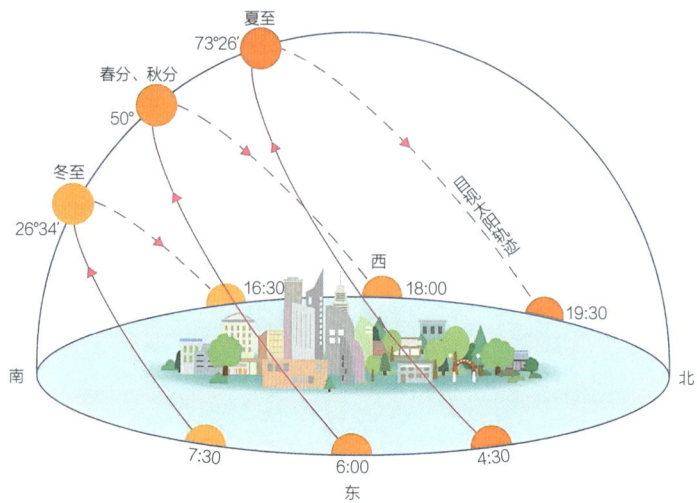

图4-1　北纬40度地区二分二至日太阳运动示意图

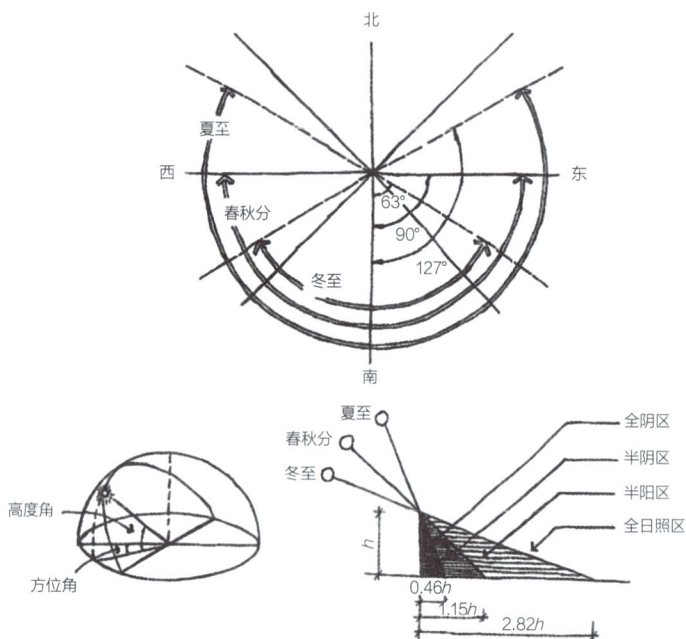

图4-2　太阳高度角和方位图示意图

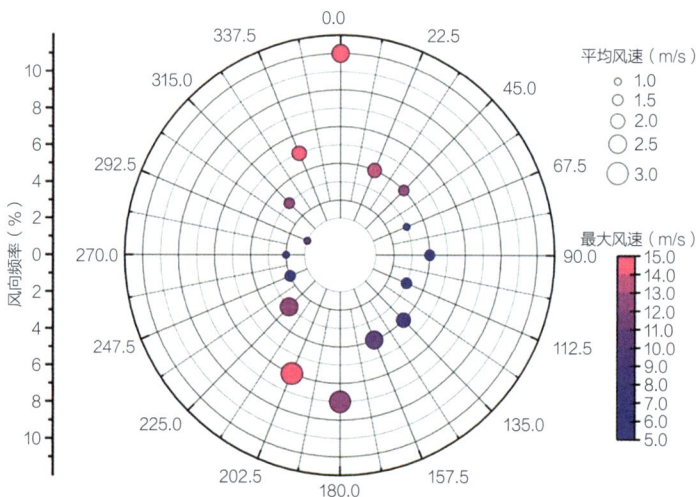

图4-3　风速风向图

地质构造与地形

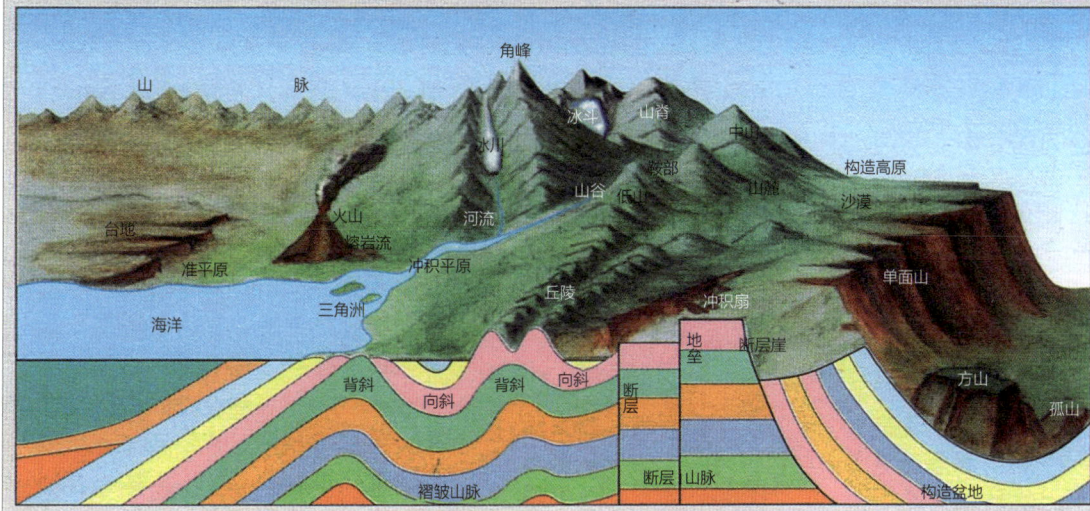

图4-4　地质构造示意图

图4-5　大别山含金刚石大理岩中的榴辉岩布丁构造

图4-6　新疆库车沉积岩中发育的断层相关褶皱

（2）地质因素。一般包括地质构造、地表状况、地基承载力、不良地基分布、滑坡、山体坍塌、泥石流、地震强度与频度等，对场地的选择起到了决定性作用（图4-4~图4-6）。

（3）土壤与水体因素。一般包括土壤的种类、含水状况、排水状况、侵蚀、酸碱度；流域特征、平均流量、洪水期与枯水期流量、水位、洪水淹没范围、水流方向和速度、水质、暴雨强度等要素，这些因素对景观的设计如给排水、建筑材料、建筑强度提出了不同的要求（图4-7）。

（4）植物因素。一般包括植物种类和分布、植物之间的生态联系；植物是景观场地内部活力的象征，具有美化场地环境的作用，同时具有生态价值，可改善场地的小气候（图4-8）。

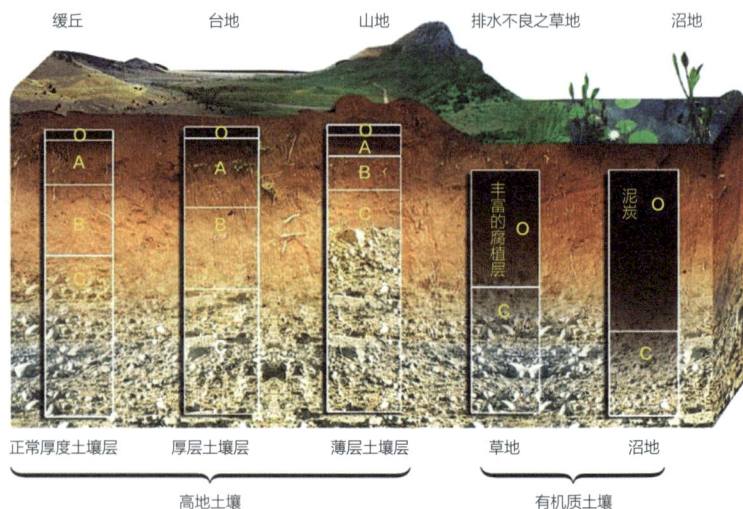

缓丘　　　　台地　　　　山地　　　排水不良之草地　　　沼地

正常厚度土壤层　厚层土壤层　薄层土壤层　　草地　　　沼地

高地土壤　　　　　　　　　　　有机质土壤

图4-7　不同土壤层次
示意图

图4-8　泰国呵叻府考
艾国家公园

二、服务对象

　　设计应该是以人为本的，在对场地条件有所了解后，设计者还需要知道场地上的使用对象，或设计的服务对象。

　　对景观设计来说，服务对象有两层意识：当面向委托者甲方时，我们要有服务于对象的意识，要主动、热情、积极地调研设计需求，明白如何解决具体的问题——设计什么？服务对象是什么样的个人或者群体？设计的目的是什么？把握好这些问题后，才能做出令人满意的设计。

第三节　设计构思

　　设计构思的形式主要包括抽象构思、形象构思和灵感构思等。抽象构思是通过应用设计概念，通过判断和推理来获取设计成果的构思过程；形象构思是通过对形象的分析和研究展开的构思过程；而灵感构思则是指设计过程中的一种突发性构思，源自在设计过程中瞬间的感悟和构思。

　　在景观发展的不同历史阶段，景观认识的理念和技术手段的不同，导致分析方法也出现阶段性的差异。当前，景观学与各学科间的交叉使得景观学思想呈现多元化发展，在景观规划或设计的操作过程中，所采用的景观分析方法与设计思路也多种多样。从历史的角度出发，按照时间顺序，可将景观规划或设计的基本构思方法的发展分为六个阶段（表4-1）。

表4-1　　　　　　　　　　　　　不同历史时期的景观设计

时间	发展背景	主要方法	主要内容
17世纪之前	西方传统园林为主	以视觉体验为主	与视觉分析有关的分析内容：视线分析，平面构图分析，人的行为活动分析，地形的分析及处理
17—18世纪	自然风景园林与城市公园阶段	以改善城市环境为目标	设计基地地形分析及人的行为活动需求分析
19—20世纪	新艺术运动园林阶段	以艺术表现为目标	平面构成分析，功能分区分析，植物生态习性分析，光影分析，植物色彩搭配分析
20世纪初—20世纪60年代	现代主义园林阶段	以创造性功能空间为目标	包括以上三个阶段中的分析内容以及功能空间营造分析
20世纪60—80年代	生态主义园林阶段	以千层饼分析法为新手段	土地适宜性分析及土地利用分析
20世纪90年代至今	多元化发展阶段	多学科多种分析法并存	分析法内容同时兼顾生态、人文、美学等，相关的分析方法有SWOT分析法、三维度分析法、千层饼分析法（图4-9）等

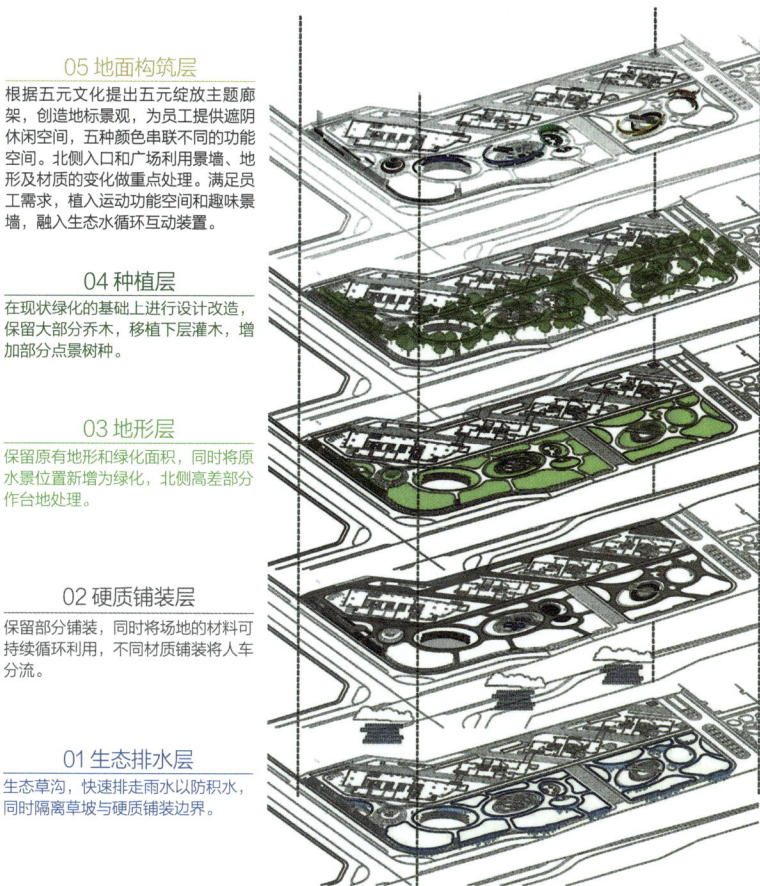

05 地面构筑层
根据五元文化提出五元绽放主题廊架，创造地标景观，为员工提供遮阴休闲空间，五种颜色串联不同的功能空间。北侧入口和广场利用景墙、地形及材质的变化做重点处理。满足员工需求，植入运动功能空间和趣味景墙，融入生态水循环互动装置。

04 种植层
在现状绿化的基础上进行设计改造，保留大部分乔木，移植下层灌木，增加部分点景树种。

03 地形层
保留原有地形和绿化面积，同时将原水景位置新增为绿化，北侧高差部分作台地处理。

02 硬质铺装层
保留部分铺装，同时将场地的材料可持续循环利用，不同材质铺装将人车分流。

01 生态排水层
生态草沟，快速排走雨水以防积水，同时隔离草坡与硬质铺装边界。

图4-9　景观层次分析图

几种常见的景观构思方式如下。

一、定向思维设计

景观设计中的定向思维设计具有重要的科学和实践意义。定向思维设计强调在设计过程中有的放矢地进行设计，有目标、有方向地引导设计创意和决策。

定向思维的设计有助于确保景观设计不仅仅是对空间的填充，而可以有意义、有目的地满足特定需求。目标的清晰性可以为设计团队提供共同的方向，使设计更有针对性，设计师可以有目的地寻求解决方案。这种方法有助于克服设计过程中可能出现的随机性和不确定性；定向思维设计有助于更好地满足用户需求。通过深入了解受众需求，并将他们的期望、习惯等融入设计中，可以创造出更具用户友好性、舒适性和可持续性的景观环境。

二、逆向思维设计

逆向思维设计鼓励设计师以非传统的方式来看待问题，挑战常规的设计思路。通过逆向思考，设计师可以追溯问题的起源，寻找根本解决方案。逆向思维设计还强调对设计决策和方案可能的不良影响进行深入的分析。通过反向推导可能的问题，设计团队能够在实施之前识别并规避潜在的风险。

这种方法激发了创新，推动设计师超越常规思维模式，拓展设计师的思维边界，使其更全面、系统地思考设计问题，提供更具前瞻性的解决方案，从而促进景观设计质量的提升。

三、功能思维设计

景观设计中的功能思维设计是一种注重实用性、效益和功能性的方法，其意义在于优化和最大化景观空间的各种功能，以满足使用者的需求，提升空间的整体性和实用性。

在空间设计方面，功能思维设计注重最大化空间的使用效益。通过深入分析不同功能区域的需求，设计师可以合理布局和配置空间，确保每一寸土地都能充分发挥作用，避免浪费，提高土地的利用效率。

在社会层面，功能思维设计强调可持续性。通过合理规划功能区域，可以最大程度地减少资源的浪费，实现水、能源和土地的有效管理，从而推动景观设计的可持续发展。且一个区域可以被设计成适用于多种不同的活动和用途，以适应不同的需求和场合。这有助于增加空间的灵活性，提高空间的适应性。

四、借鉴思维设计

景观设计中的借鉴思维设计是一种富有创意和启发性的方法，这种设计思维不仅可以将某一领域成功的科技原理、方法、创造成果等应用于另一领域而产生新的创意思考，从而产生新的创新设计方向；还可以将不同文化元素有选择地进行融合，通过研究和理解各种文化的景观传统、审美观念和设计方法，设计团队可以创造出更具包容性和多样性的景观环境，满足不同社区和用户的需求。

借鉴思维的意义在于从各种不同领域和文化中获取灵感，丰富设计的文化内涵、提升可持续性，并推动社会互动。通过将多元的思维和经验融入景观设计中，丰富和改进景观设计的方案。

第四节　景观设计要素

景观空间造型可概括为各种点、线、面三种设计要素的组合。这些点、线、面由各种景观要素承担，是景观空间形式的基本设计元素和组织语言。在生活中，人们所见到的或感知到的每一种形状都可以简化为这些要素中的一种或几种的结合。

一、点

从几何学的角度来看，点没有绝对大小、没有方向，仅用于在空间中表示位置；从设计角度来看，点是最基本也是最重要的设计元素，景观空间中的点可以是一个特定位置上的景观要素，也可以作为设计中的视觉关键焦点（图4-10）。

点在景观设计中具有以下特性。

（1）焦点性。点具有引导视线的焦点性质。作为视觉上的亮点，点能够在整体景观中吸引人们的注意力，成为视线的汇聚点。

（2）标志性。点可以作为标志性的元素，代表着特定的含义或象征。这种标志性的点可以成为景观中的符号，具有文化、历史或社会的意义。

（3）指向性。点在空间中有指向性，可以引导人们的视线和移动方向。在景观路径中设置点，可以帮助人们更自然地流动和导航。

（4）聚合性。多个点可以聚合形成更大的组合，形成更复杂的景观结构。这种点的聚合性可以创造出富有层次感和复杂性的设计。

点在景观设计中的运用：在景观空间中，没有绝对意义上的点，点只是一种区分线和面的点状形体；在景观空间中，虽然点的体积通常相对较小，但是大部分的点都比较注重本身的外表塑造。

广场上的喷泉、雕塑，甚至照明灯具、孤植、花坛都可以形成独立的点景；又如水体景观中，水中的岛屿是整个水体景观的点景，但若岛上又立一亭，那么亭子就又是岛屿景观中的一处点景。点的景观特性使其成为景观焦点，作为景观空间的点睛之笔，所以在对景观中的点景进行判断时，理解应该是开放、全面的，不能从单一的角度思考问题，点的设定要和整个空间的相吻合，不能随心所欲地设置点的位置与形态，否则空间

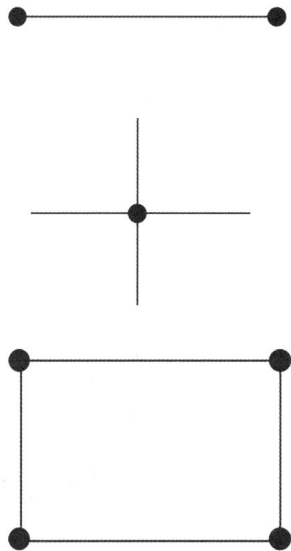

图4-10　点在空间中的位置示意

图4-11 青岛五四广场纪念雕塑

图4-12 爱晚亭

图4-13 景观孤植

图4-14 孤岛景观

的美感与整体意义将会大打折扣（图4-11~图4-14）。

二、线

线通常被定义为一组无限多个点的集合，它们沿着某个方向无限延伸。在景观设计中，"线"是设计师用来塑造和表达空间的重要工具，此处的"线"通常指的是利用不同的元素和构造在景观中通过包围、交错等各种形态形成的不同景观空间（图4-15、图4-16）。

线在景观中具有以下特性。

（1）方向性。线可以具有明确的方向性，引导人们的视线和移动方向。通过景观设计中的直线、曲线等不同形态的线，不仅可以引导人们在景观中的游览方向，还可以创造出引人入胜的空间体验（图4-17）。

（2）连接性。线可以连接不同的景点、区域或功能空间，增强景观的连贯性和流畅性。路径线、步道和连廊等都是景观线性表达的常见形式，它们使得人们可以轻松地在景观中移动和交流。

（3）分隔性。线可以被用来划分景观空间，界定不同区域之间的界限和边界。墙、篱笆、植物带等都可以看作是景观内部的分隔线，帮助区分功能不同的区域，使景观被观赏时达到移步异景的趣味性效果，并增加私密性和秩序感。

（4）节奏感。线的形态可以非常多样化，可以是直线、曲线、波浪线等各种形式。线可以通过这种不同的排列和形态创造出各式各样的节奏与韵律，使得景观更具动态性和生机。通过控制线的长度、间距和曲线度，可以调整景观的节奏，增强空间的活力和韵律（图4-18）。

（5）视觉情感表达。由于线具有视觉上的吸引力和影响力，可以用来强调景观中的重点和特色，由此可以传达出不同的情感和氛围，如流畅的曲线可能给人带来宁静和舒适的感觉，而直线可能会更强调秩序和稳定感（图4-19、图4-20）。

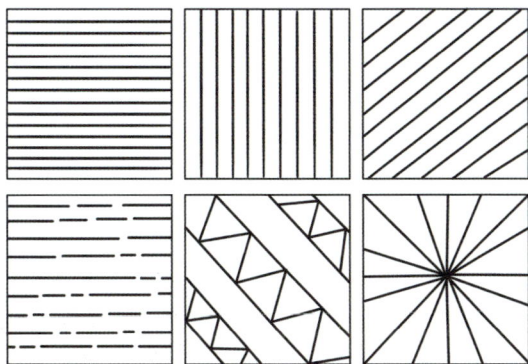

图4-15 线条

图4-16 线性景观

图4-17 线性的引导

图4-18 线性的韵律

图4-19 迈斯特尔将军纪念公园（一）

图4-20 迈斯特尔将军纪念公园（二）

三、面

在几何学中，"面"通常是指一个平面区域，具有长度和宽度两个维度，但没有厚度（图4-21）。面可以是平面几何图形的外部边界所围成的区域，也可以是三维空间中的二维平面。在景观设计中，"面"通常指代场地的不同区域或部分，可以是地面、墙面、水面等，是景观设计中的基本要素之一。

面在景观中具有以下特性。

图4-21 几何面的示意

图4-22　面在景观中的　　图4-23　建筑面的围合
拼接运用

图4-24　利用水面对空间的分割　　图4-25　中国台湾新庄文昌祠影壁

（1）美学特性。面在景观中的布局、形态、材质和颜色等方面的设计可以直接影响景观的美学效果。美观的面能够提升景观的整体质感，吸引观赏者的注意力，增加景观的欣赏价值（图4-22）。

（2）空间特性。不同的面可以在景观中创造出不同的空间感。例如通过设计高低起伏的建筑立面、植物屏障、水面等可以营造出开阔、半封闭或隐蔽的空间，增加景观的变化和层次感（图4-23、图4-24）。

（3）引导视线。合理设计的面可以引导观赏者的视线，引起视觉焦点和注意力；也可以通过此种方式含蓄地掩盖一些空间，如中式传统建筑中的影壁，就通过立面的形态阻隔视线，不仅保护了隐私还使得空间更加整体美观（图4-25）。

本章总结

本单元主要对场地空间进行设计的前期准备、场地构思、场地调研以及景观设计三要素进行讲解。设计前期准备的讲解，能够让学生在接触设计项目时有目的、有针对性地进行资料的搜集与整理；而"点、线、面"设计基本要素的讲解则能为学生的设计活动打下更坚实的基础。

希望学生通过本单元的学习，能够有更加清晰合理的设计准备思路，并且可以流畅理解运用景观设计中的不同元素，做出因地制宜的优秀景观设计。

课后作业

（1）进行设计前期的调研、洽谈模拟训练，锻炼设计思维。

（2）简述景观设计有哪些要素？每种要素的特点是什么？

思考拓展

尝试从身边选取一处空间进行景观设计，分析这块空间具有哪些特点，这些特点对于景观设计有何利弊，并尝试写下自己的设计思路。

课程资源链接

课件

第五章　景观设计程序

约翰·O·西蒙兹（John Ormsbee Simonds）认为景观设计应从策划的形成开始。景观设计师首先要理解项目的特点，制订一个全面的计划，经过调查和研究，组织出准确翔实的要求清单作为设计的基础，最好向业主、潜在用户、维护人员、同类项目的规划人员等所有参与人员咨询，然后寻找适当的相关案例，前瞻性地预测新技术、新材料和新规划理论的发展。

第一节　任务书确立

景观设计的任务书是景观设计项目启动的重要文件，它提供了对项目目标、范围、场地条件和预期结果的详细描述。其中任务书的内容一般包括以下方面。

一、项目背景和目标

项目的名称、位置、业主或委托方等基本信息。
项目的背景介绍，包括项目的起因、背景和相关历史背景。
项目的主要目标和愿景，包括项目期望达到的效果和目标人群。

二、项目范围和约束条件

项目的总体规模和范围，包括涉及的地块面积、功能区划等。
项目的约束条件，包括法律法规、土地使用限制、预算限制等。
对项目的相关技术、经济和社会可行性的评估结果。

三、项目需求和功能要求

对项目的使用需求和功能要求进行详细描述，包括主要使用人群、活动需求等。
确定项目的主要功能区域和活动场所，包括休闲娱乐、社交聚会、运动健身等功能。

四、设计目标和期望成果

对设计方案的目标和期望成果进行明确描述，包括设计的整体风格和定位。

确立设计的核心理念和设计方向，为后续的设计提供指导和框架。

五、项目管理和沟通要求

确定项目的管理和沟通机制，包括项目组织结构、沟通渠道、决策流程等。

确立相关参与者和利益相关者的角色和责任，促进各方利益的平衡和协调。

六、项目时间表和预算

制订项目的时间表和进度安排，包括设计、施工和竣工验收等阶段的时间要求。

确定项目的预算范围和限制条件，包括设计费用、施工费用和维护费用等。

七、其他要求

对其他可能影响项目的因素进行描述，包括环境保护、文化遗产保护等方面的要求。

确定项目的评估和监督机制，确保项目的实施和成果符合设计要求（图5-1）。

××市市民广场设计任务书

一、项目简介

（一）项目名称：××市市民广场设计。

（二）项目地点：××市政府北侧。

（三）项目范围及规模：市民广场位于××街、××路围合的区域，地块东西长约400m，南北平均宽度约200m，占地面积约8万m²。

二、设计依据

（一）××市城市总体规划。

（二）用地红线图。

三、项目总体要求

（一）功能定位

功能定位：以绿地景观、休闲、健身功能为主的城市综合性广场。

（二）具体要求

1. 认真分析研究用地现状和资源特征，依据国家、省、市有关规范、标准，结合城市规划确定的周边用地功能、道路交通组织等，合理确定设计方案。

2. 设计应处理好与周边地块景观的关系，绿地率指标控制在50%以上。

3. 需设置机动车停车位约100个。

4. 应从满足功能、方便市民休闲、健身等需要，增设安全舒适的各类设施。包括管理用房、公厕、健身器械、休闲座椅、垃圾收集点等。

图5-1 设计任务书示意

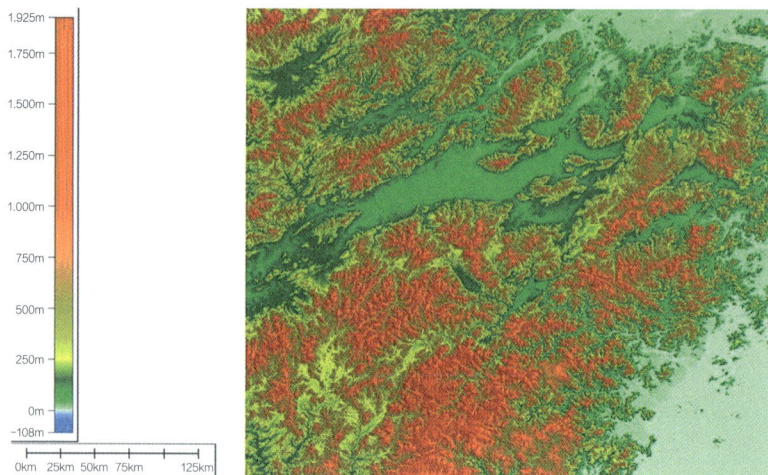

图5-2 高程图示意

第二节 资料收集

一、场地资料

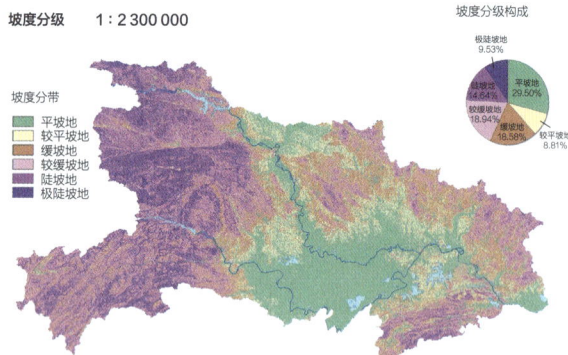

图5-3 坡度分级图示意

（1）地形地貌和土壤类型。通过地理信息系统（图5-2、图5-3）等手段了解场地的地形特征和土壤类型可以帮助设计师更好地规划景观元素的布局和植被的选择。例如，山地地形需要考虑坡地水土保持和生态稳定，而面对不同类型的土壤，也要选择合适的植物种类进行种植。

（2）气候条件。了解场地气候条件，如气温、湿度、风向、风速、大气污染、雪、雾等气候条件可以指导景观设计布局和植物选择。例如，在干燥地区需要选择耐干旱植物，而在湿润多雨的地区则需要考虑排水系统的设计。

（3）植被分布。调查现有植被分布和种类，可以帮助设计师保护和利用现有的植被资源，同时合理选择新增植被的规模和类型。例如，在进行城市公园设计时，可以大量利用当地优势植物种类以及现有的成熟树木作为主要植物景观元素，提供遮阴效果、保持环境美观并且可以节省建设成本和后期维护成本。

二、人文数据收集

（1）当地文化和历史资料。了解设计场地的历史和文化背景，包括历史建筑特点、传统风俗、文化传统等。这些资料可以作为景观设计师的参考，帮助设计融入当地的文化元素。

（2）传统节日庆祝方式和习俗。了解社区的传统节日庆祝方式和习俗，可以为景观设计提供灵感和创意。

（3）社区组织和活动资料。了解社区的组织结构和日常活动，包括社区中心、居民委员会、文化团体等。这些资料可以帮助设计师了解社区居民的需求和参与程度，从而设计出符合社区特点的景观。

（4）人口统计数据。人口结构和分布，了解社区的人口结构，包括年龄、性别、职业等。这些数据可以帮助设计师确定目标人群和设计的主要功能需求。例如，根据社区中儿童和青少年的比例，设计儿童游乐区或青少年活动场所。

（5）居住情况和生活习惯。了解居民的居住情况和生活习惯，包括住房类型、居住密度、家庭结构、休闲娱乐偏好等。这些数据可以帮助设计师合理规划景观空间，提供符合居民需求的休闲和社交场所。

三、社区参与和意见调查

（1）社区居民意见调查。通过问卷调查或座谈会等方式，了解居民对景观设计的期望和意见。这些数据可以帮助设计师更好地理解居民的需求和偏好，设计出符合大多数人意愿的景观。

（2）社区参与活动记录。了解社区居民的参与程度和活动偏好，包括社区志愿活动、社区园艺项目等。这些数据可以帮助设计师设计出能够促进社区凝聚力和参与度的景观空间。

第三节　场地限制

一、用地红线

用地红线是指根据城市总体规划和土地利用规划，对城市内各类用地功能进行划分和界定的一种规划控制线。它是规划行政区域内的用地规划管理的基础，用于明确各类用地的位置、范围和用途，指导土地的合理利用和城市的有序发展。以下是有关用地红线定义的解释。

（1）确定用地功能。用地红线的首要任务是确定不同区域内各类用地的功能，包括居住用地、商业用地、工业用地、农业用地、公共设施用地等。根据城市总体规划的要求和城市发展的需要，对不同类型的用地进行划分和界定，以满足城市的发展需求和居民的生活需求。

（2）划定用地范围。在确定各类用地功能后，用地红线将用地按照不同的功能范围进行划分和界定。这些划分和界定通常基于城市总体规划和土地利用规划的要求，综合考虑城市的土地资源、自然环境、交通条件等因素，确定各类用地的位置、范围和用途限制。

（3）指导土地利用。用地红线不仅是一种划定用地范围和用途的规划控制线，还是指导城市土地利用和城市建设的重要依据。通过对用地红线的严格执行和管理，可以指导土地的合理利用，防止土地的滥用和浪费，保护城市的自然环境和生态资源。

（4）保障城市发展。用地红线的制定和实施是保障城市可持续发展的重要措施之一。通过合理划定和严格执行用地红线，可以确保城市用地资源的合理配置和有效利用，促进城市的经济发展、社会进步和环境保护。

二、建筑红线

建筑红线是城市建设控制规划中划定的用于规划和控制建筑活动的界线。它是规划行政区域内建设用地规划的基础，用于确定建筑物的位置、高度和容积率等建设参数。以下是建筑红线相关问题的解释。

（1）确定建筑参数。建筑红线是根据城市总体规划和建设控制规划的要求，对城市内各类建筑的位置、高度和容积率等建设参数进行规划和控制的线性界定。根据城市的发展需求和土地资源的利用情况，确定不同区域内建筑的规划参数，以保障城市的空间秩序和建筑环境的质量。

（2）界定建筑范围。在确定建筑参数后，建筑红线将用于界定建筑活动的范围，即规划允许建筑的位置和范围。建筑红线通常根据建筑控制规划的要求和城市空间布局的需要，划定不同区域内建筑的界限，以确保建筑活动的有序进行和城市空间的合理利用。

（3）控制建筑高度。建筑红线除了界定建筑的位置和范围外，还用于控制建筑的高度。根据城市总体规划和建设控制规划的要求，建筑红线可以规定建筑的最大高度和高度限制，以保障城市的景观美观、日照、通风和城市形象的维护。

（4）规划建筑密度。在确定建筑参数和界定建筑范围后，建筑红线还用于规划建筑的密度和容积率。根据城市的建设规划和土地利用规划，建筑红线可以规定建筑的最大容积率和建筑密度，以确保建筑活动与城市环境的协调和一体化。

（5）维护城市形象。建筑红线的制定和实施有助于维护和塑造城市的形象和风貌。通过严格控制建筑的位置、高度和密度等参数，可以保障城市的景观美观、城市形象的统一性和城市建设的品质。同时，建筑红线还有助于保护城市的历史文化遗产、建筑景观和城市的独特特色。

总的来说，用地红线和建筑红线是在城市规划和土地利用管理中具有重要意义的制度性规划工具，它们旨在保护和管理城市的自然资源、生态环境、文化遗产和城市形象，促进城市的可持续发展和宜居性提升。通过合理划定和严格执行用地红线和建筑红线，可以有效保障城市空间的有序利用和可持续发展。

第四节　明确功能

在了解用地限制和场地现状之后，应该明确该地在以后的社会环境中承担何种功能。任何设计都不是独立于社会之外的个体，而是承担着各种责任的、有机的综合体（表5-1）。

表5-1　各类景观类型功能示意

景观类型	野外运动休闲	日常休闲游憩	游乐	集会	体育运动	教育科普	环境质量	审美	生物多样性	生态保护	接待与住宿	餐饮	急救	商品	厕所
社区公园		■					■	■							
动物园		■	■			■			■			■	■	■	■
植物园		■				■	■		■	■	■			■	■
综合公园		■	■		■	■	■	■	■	■	■	■	■	■	■
体育公园		■	■		■							■	■	■	■
森林公园	■	■	■		■	■	■	■	■	■	■	■	■	■	■
历史名园		■				■		■			■			■	■
度假区	■		■					■			■	■	■	■	■
大型游乐场			■									■	■	■	■
绿道	■	■			■		■	■	■	■					
广场		■		■			■								■
居住区		■					■	■			■				
建筑中庭		■					■	■							
湿地公园	■					■	■		■	■					

注：■表示为需要的功能。

在景观设计中，明确功能具有重要意义，主要体现在以下几个方面。

一、满足使用需求

景观设计的功能性意味着要满足人们对于空间的基本使用需求，如休闲、运动、社交等。通过明确功能，设计师可以确保景观空间能够实现其预期的目标，提供合适的场所供人们活动和交流。

二、提升空间品质

明确功能的设计可以提升景观空间的品质和价值。一个功能完善的景观不仅仅是一片绿地或一条步行道，而是能够充分满足人们的需求，为人们提供舒适、愉悦的体验。这种体验不仅来自于景观本身的美感，更来自于它能够为人们带来的实际便利和享受。

三、利于可持续性发展

明确功能有助于设计中促进景观空间的可持续发展。通过合理规划和设计，可以最大限度地利用资源，减少对环境的负面影响，提高空间的效益和可持续性。例如，在城市规划中，合理设置绿地和水体可以提高空气质量、调节气候、减少洪涝风险等，从而提升城市发展的可持续性。

四、提高空间利用率

明确功能有助于设计中提高景观空间的利用率。通过合理规划和布局，可以最大程度地利用空间，满足不同人群的需求，提高空间的使用效率。例如，在公共空间设计中合理设置座椅、休息区和游乐设施，可以吸引更多的人群驻留，提高空间的利用率。

第五节　明确空间布局

明确空间布局是景观设计中的重要步骤，涉及如何合理地安排和组织空间内的各种元素，以实现设计的目标和功能。明确空间布局有以下几个关键步骤及作用。

一、分析场地特征

在确定空间布局之前，需要对场地的特征进行充分的分析和了解。这包括地形、土壤、植被、气候等方面的特点。通过对场地特征的分析，可以为后续的布局设计提供重要的参考和依据。

二、确定功能区域

根据景观设计的功能要求，将空间划分为不同的功能区域。常见的功能区域包括休闲区、运动区、游乐区、绿化带等。通过明确功能区域，可以有效地组织空间内的各种活动和元素，提高空间的利用效率（图5-4～图5-8）。

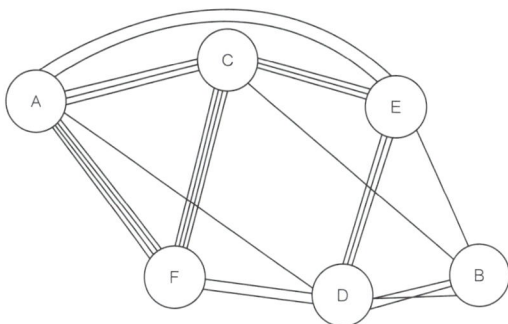

图5-4 动线功能图解示意图

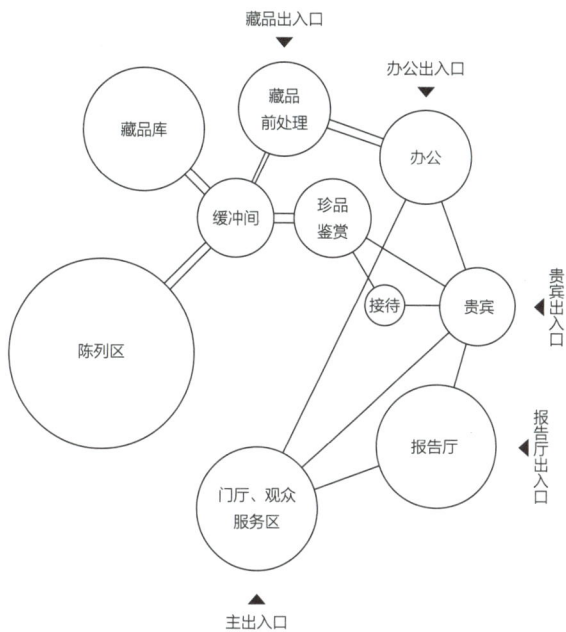

图5-5 展示区域功能气泡图示意图

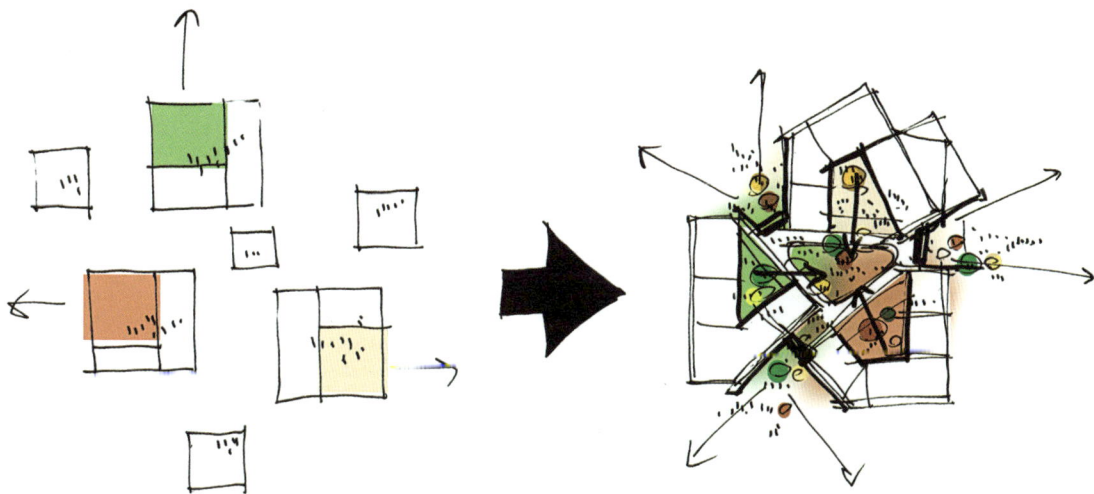

图5-6 不同形式的设计理念方案1

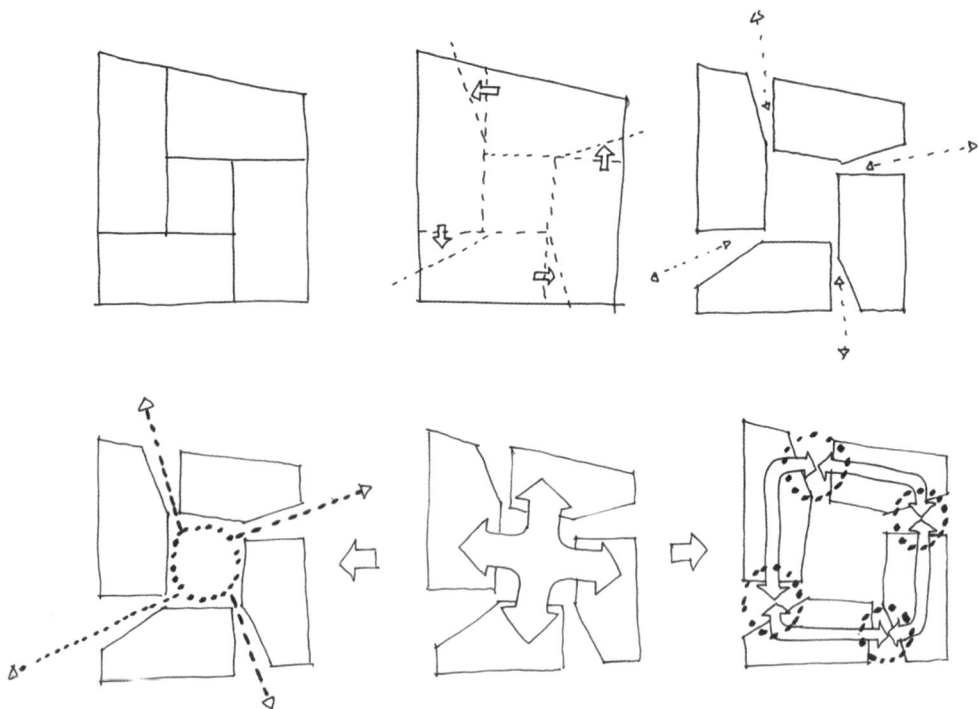

建筑的几何形状在设计中细分为四个单元，向四周开放，通过围合的方式确立空间

图5-7　不同形式的设计理念方案2

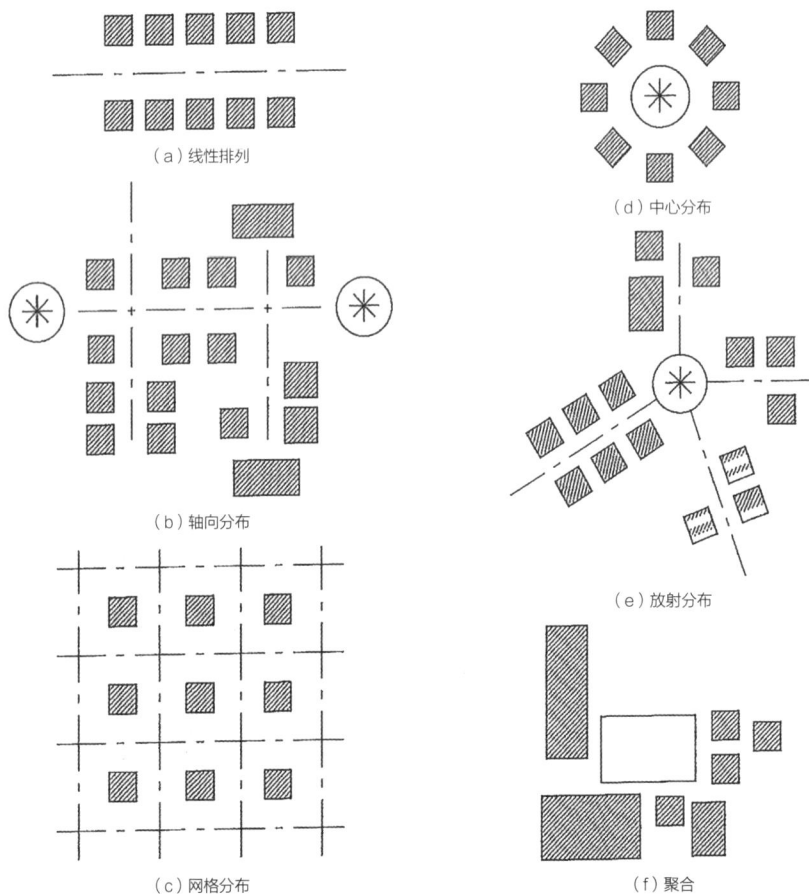

（a）线性排列

（b）轴向分布

（c）网格分布

（d）中心分布

（e）放射分布

（f）聚合

图5-8　不同形式的设计理念方案3

三、考虑流线和连通性

在布局设计中，需要考虑人流和交通的流线和连通性。合理设计路径和通道，使人们能够方便地在空间内移动，同时保持空间的整体连贯性和流畅性。

四、考虑景观层次和视觉效果

在布局设计中，需要考虑景观的层次和视觉效果。通过合理设置植物、建筑、水体等元素，营造丰富多样的景观层次和视觉体验，增强空间的美感和吸引力；另外通过合理安排各种元素的位置和大小，使空间显得均衡和谐，避免出现过于拥挤或空旷的情况。

五、综合考虑环境因素

在空间布局设计中，需要综合考虑环境因素对设计的影响，包括自然环境、人文环境和社会环境等方面。通过合理应对各种环境因素，可以为设计提供更加可持续和适宜的解决方案。

第六节 方案设计

在前期的场地调研、功能布局等阶段结束后，设计师就应当开展对景观设计更深层次的设计构思。结合任务书，对景观的元素及功能进行筛选，实现甲方和使用者的真正需求。

一、功能图解

功能图解，也被称为功能图或功能性图，是指一种用于表示景观设计中场地的结构、功能、要素以及它们之间关系的图解。它们通常通过图解符号、线条、图形和文字等方式来展示场地的特征和设计理念（图5-4~图5-8）。

功能图解在景观设计中的作用非常重要，主要目的是确定设计的主要功能与使用空间是否有最佳的利用率和最理想的联系，它能够清晰地展示设计的目标、愿景、理念、布局、结构、要素等，并且能够传达给各个设计阶段的参与者，包括设计师、工程师、审批机构和业主。同时，它还能够为设计过程中的决策提供依据，为设计的执行和管理提供指导。

常见的功能图解包括：平面布局图、剖面图、立面图、植物配置图、细部图、功能图等。不同的功能图可以反映出不同的设计理念和要求，它们之间通过线条、箭头、颜色等进行联系。

二、方案的深入设计

在确定功能区后，设计就进入平面方案深入设计阶段。此阶段的主要任务是列举多样化的方案草图进行综合性评估、横向比较，确保最终选择方案能够有效地满足设计目标并兼顾各种实际因素。这一阶段通过进一步深化、确定景观场地平面形状、功能区的范围和大小、建筑及设施的位置、道路基本线型。这一步骤是对抽象方案图示化的更进一步推敲，是对景观空间、形态、功能的进一步深化，是一个集思广益、富含创造性的过程。

在确定了最佳方案后，需要对其进行进一步调整和深化，以强化方案的优势。这一过程的目标是在不改变原有方案整体布局和基本构思的情况下，解决方案中可能存在的局部问题，提升其实际执行效果。

具体而言，这个过程通过放大图纸比例、由面及点、从大到小地分层次进行，并将各细节准确无误地反映在平面图、立面图、剖面图及总图中。与此同时，设计师还需仔细检查方案的技术经济指标，确保其符合设计要求。如果发现与要求不符，需要对方案进行相应调整。在方案深入的过程中，可以参照以下几点建议。

（1）设计实施的可行性。结合方案，考虑设计实施的可行性，包括场地环境、资源条件、技术水平、预算限制、政策法规等因素，确定项目可行性。

（2）设计细节的考量。关注设计方案中的细节问题，包括植物配置、地形、材料选择、色彩搭配、光影效果、水体设计等，确保方案的实现效果。

（3）生态环境与可持续性。重视设计的生态环境与可持续性，考虑生态系统的平衡与稳定，采用适宜的植物、材料与设施，减少对自然资源的消耗与环境的破坏。

（4）人文性与地域性。设计方案应符合实用性、舒适性、安全性、人性化等原则，满足人们的使用需求，提升景观品质与人文氛围；还应考虑设计的文化特色与地域特征，融合本地传统文化、地域风貌、历史故事等元素，增强景观的独特性与地域性。

（5）可持续运营与维护。考虑景观设计的可持续运营与维护，确定合理的维护管理方案、运营机制与费用预算，保证景观长期稳定运行，可结合实际情况邀请专业人士进行技术评估与方案改进，不断优化设计，提升景观方案的科学性与实用性。

深入方案设计是一个持续的过程，需要经过多次深入调整。因此，要达到高水平的方案设计，除了需要景观设计师具备高水平的专业知识、设计能力和正确的设计方法，还需要他们具有细心、耐心和恒心等品质。

本章总结

本章着眼于景观设计程序，以设计任务书为起点，详细解释了景观设计过程中的步骤和注意事项。首先，资料收集内容使学生了解景观设计的前期工作应该从哪些方面展开，以确保设计的全面性和准确性。其次，对用地限制和明确用地功能内容的讲解，有助于学生在实践中面对不同类型场地时做出更具针对性的设计决策，并进行更全面的思考。最后，功能图示和方案设计部分，从较为全面的角度说明了景观方案设计的思路和过程，提供了有效的指导和参考，帮助学生在实践中做出更优秀的设计作品。

课后作业

（1）简述方案设计的推进过程，并回忆在设计过程中有哪些注意事项。

（2）尝试根据本单元所学知识，整理出校园景观空间的使用需求、气候、流通性等信息，分析现有景观设计是否合理，可以如何改进。

思考拓展

在展开实地调研时，与他人进行沟通是不可或缺的。因此，鼓励学生借助网络资源、图书馆等多样化渠道，自主学习相关技巧，以提升与人交流的效率与成效。

课程资源链接

课件

第六章　景观设计的表现方式

第一节　基础知识

一、概念

　　景观设计的表现方式，简单来说是指将设计方案、理念以及设计师的想法通过不同的方式表现出来的手段。这些表现方式可以是视觉的，如绘图、模型制作、虚拟现实，也可以是文字、口述、视频、展览等。随着科技和社会的发展，表现方式越来越多样化。

　　在进行设计表现之前，设计者应该掌握色彩、构图、透视等基本的设计技术与理论，这样才能完整、正确地表达设计意图；在设计表现的过程中要善于学习和借鉴。初学者较实用的方法是临摹，但在临摹过程中，不能盲目地为了临摹而临摹，而是要在这一过程中找到适合自己的技法，达到提高分析能力和动手能力的目的。模仿是在临摹学习阶段上又前进了一步，把学到的或其他作品中有价值的部分综合地运用在方案设计的表现过程中。

二、设计表现的重要性

　　景观设计的表现是一个复杂的过程，它不仅仅是展示设计概念和意图，还包括对设计要求和技术细节的准确表达，在整个设计过程中扮演着至关重要的角色。

　　首先，景观设计的表现有助于设计师更好地理解和展示设计概念和意图。通过表现的方式，设计师可以将设计的想法和意图直观地呈现出来，使其更加易于理解和接受。这有助于设计师更好地理解设计要求和技术细节，从而更好地指导设计工作的进行。

　　其次，景观设计的表现有助于促进设计团队之间的合作和协调。在设计过程中，设计团队通常由多个专业领域的专家组成，他们在不同阶段从不同角度对设计进行评估和审查。通过表现的方式，设计师可以将设计的想法和意图呈现给设计团队，使得团队成员能够更好地理解和评估设计，从而更好地合作和协调。

　　最后，景观设计的表现还有助于提高设计的质量和效率。通过表现的方式，设计师可以更好地检查和调整设计，从而提高设计的质量和效率。

同时，通过表现的方式，设计师还能够更好地指导施工和监督过程，从而确保设计的顺利实施和成功完成。

三、景观设计表现方式的发展历程

（1）手绘阶段（Hand-painting stage）。手绘是最早的景观设计表现方式，始于人类创作的早期。这一时期可以追溯到古希腊和古罗马时期的景观设计，设计师主要依赖手工绘图和模型制作来表现设计概念和意图。设计师通过手绘草图、平面图、剖面图和透视图等手段来展示设计的概念和意图，同时也通过手工制作的模型来展示设计的空间和结构（图6-1~图6-5）。

图6-1　手绘表现1

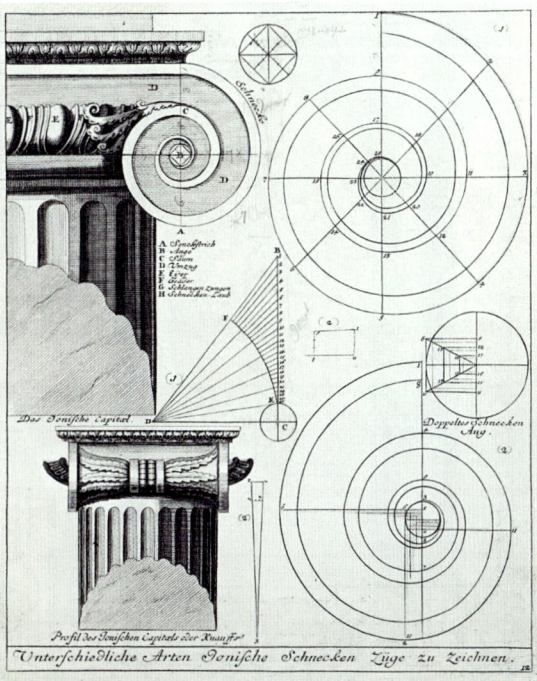

图6-2　手绘表现2

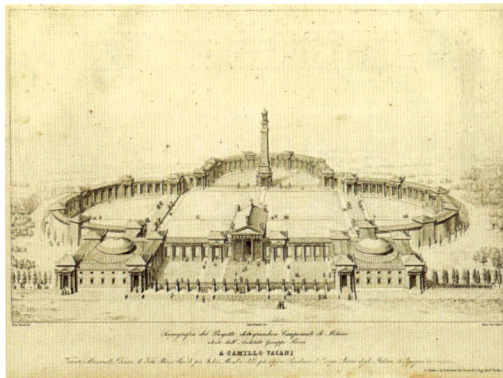

图6-3　手绘表现3

图6-4　手绘表现4

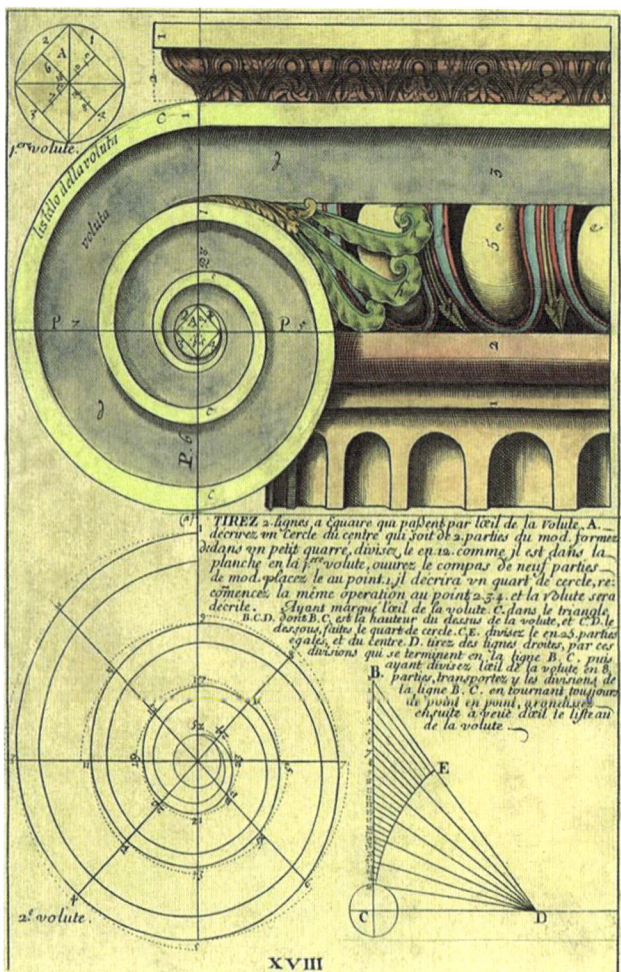

图6-5 手绘表现5

（2）平面图阶段（Planar representation）。平面图阶段大致从17世纪开始，随着地图制作和工程绘图技术的发展而逐渐兴起。设计师使用纸张和绘图工具来绘制设计图纸，其中包括设计草图、平面图、剖面图、立面图等。随着计算机技术的普及，20世纪的设计师开始使用CAD（计算机辅助设计）软件来绘制设计图纸，这种方式使得设计图纸更加精确和规范（图6-6～图6-9）。

（3）三维模型阶段（3D modeling）。随着三维建模软件的发展，景观设计的表现方式开始向三维模型方向发展。设计师使用三维建模软件来创建设计的三维模型，其中包括场地的三维模型、建筑的三维模型、植物的三维模型等。这种方式使得设计更加具体（图6-10～图6-12）。

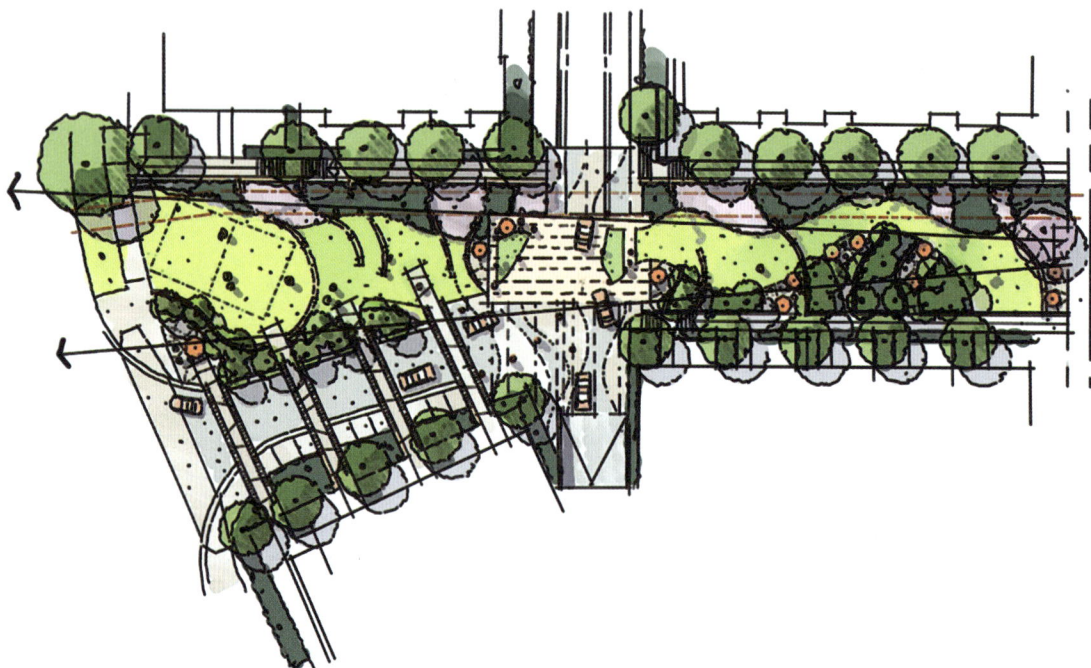

图6-6 手绘平面表现

图6-7 手绘平面分析图

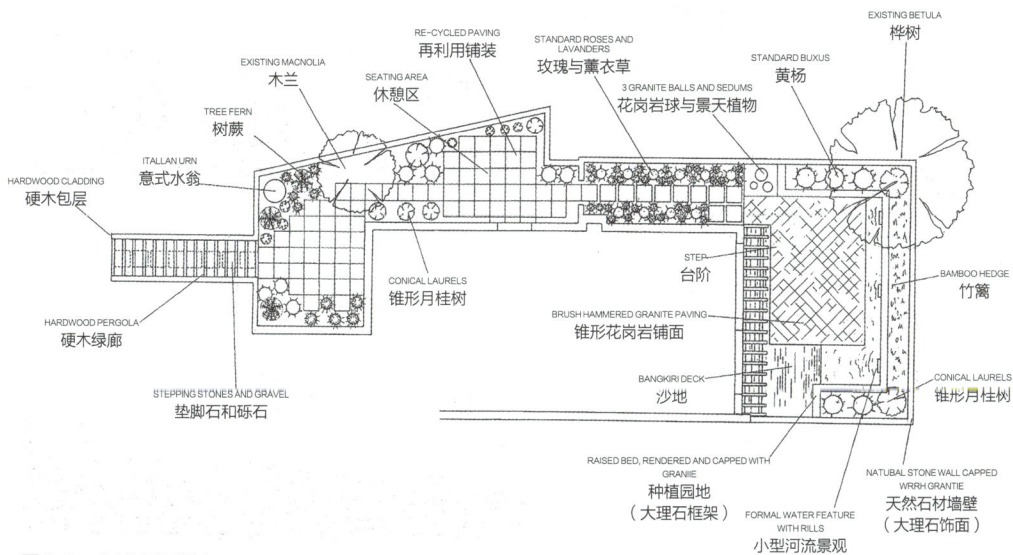

图6-8 CAD平面图1

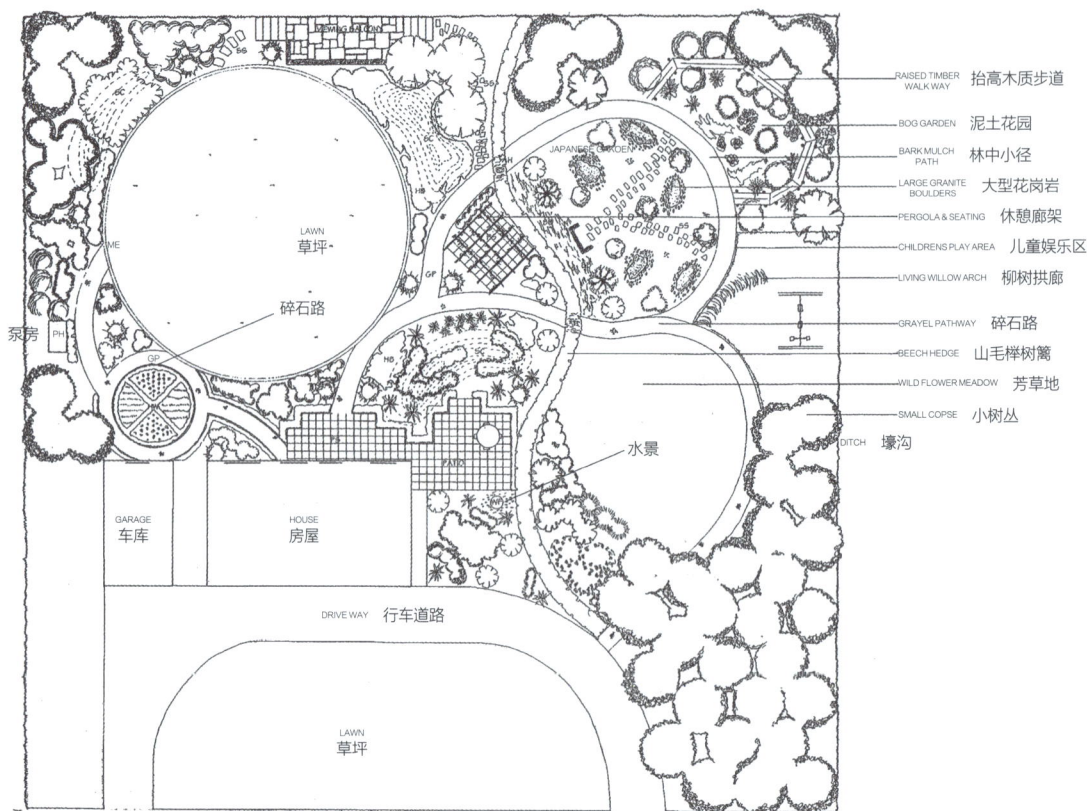

图6-9　CAD平面图2

RAISED TIMBER WALK WAY　抬高木质步道
BOG GARDEN　泥土花园
BARK MULCH PATH　林中小径
LARGE GRANITE BOULDERS　大型花岗岩
PERGOLA & SEATING　休憩廊架
CHILDRENS PLAY AREA　儿童娱乐区
LIVING WILLOW ARCH　柳树拱廊
GRAVEL PATHWAY　碎石路
BEECH HEDGE　山毛榉树篱
WILD FLOWER MEADOW　芳草地
SMALL COPSE　小树丛
DITCH　壕沟

图6-10　景观模型效果图

图6-11　景观效果图1

图6-12　景观效果图2

（4）数字化表现阶段（Digital representation）。数字化表现时代大致从21世纪初开始，随着数字化技术的普及和应用而逐渐兴起。设计师使用虚拟现实（VR）、增强现实（AR）、全景漫游（360° Panorama）、动画等数字化技术来展示设计的概念和意图。同时，也可以通过互动式设计软件来与客户进行交流和沟通。这种方式使得设计更加生动和具体，同时也为设计师提供了更多的设计自由度（图6-13、图6-14）。

（5）可视化时代（Visualization）。可视化时代大致从21世纪中期开始，随着可视化技术的发展而兴起。设计师使用渲染软件与地理信息系统，通过多方信息与资料的收集来创建设计的可视化效果图，其中包括静态图像、动态图像、全景图像等形式。这种方式使得设计更加真实和严谨，为设计师提供了更多的设计参考，帮助其设计出更科学、合理的景观（图6-15、图6-16）。

图6-13　增强现实技术示意

图6-14　虚拟现实技术参与景观展示

可视化，加拿大多伦多约克堡，多伦多大学景观研究中心。基于决策的视觉上的空间精确度，但是，是单模型的

身临其境的可视化环境。相比较传统硬件而言，更近似真实的规模和空间

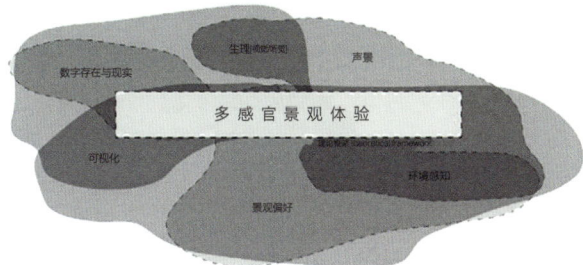

多感官景观体验框架

图6-15　可视化景观设计基本框架[1]

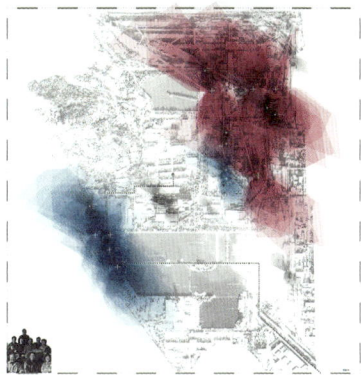

图6-16　可视化信息收集效果示意

---

[1] 马克·林奎斯特，埃卡特·兰格，唐真. 风景园林中的多感官体验：从景观可视化到环境模拟[J]. 中国园林，2013，29（05）：17-21：2.

四、景观设计表现要点

（1）概念完善与规划方案的落实。在概念阶段的基础上，对方案进行细化，明确设计目标、理念、要素及空间结构，并进行规划方案的落实。

（2）设计实施的可行性。考虑设计实施的可行性，包括场地环境、资源条件、技术水平、预算限制、政策法规等因素，确定项目可行性。

（3）设计细节的考量。关注设计方案中的细节问题，包括植物配置、地形、材料选择、色彩搭配、光影效果、水系设计等，确保方案实现效果。

（4）生态环境与可持续性。重视设计的生态环境与可持续性，考虑生态系统的平衡与稳定，采用适宜的植物、材料与设施，减少对自然资源的消耗与环境的破坏。

（5）功能性与人文性。设计应符合实用性、舒适性、安全性、人性化等原则，满足人们的使用需求，提升景观品质与人文氛围。

（6）文化特色与地域特征。考虑设计的文化特色与地域特征，融合本地传统文化、地域风貌、历史故事等元素，增强景观的独特性与地域性。

（7）施工技术与工程质量。关注施工技术与工程质量，确保施工过程中的技术要求和质量标准，以保证设计方案的实施效果。

（8）用户参与与管理沟通。强化用户参与与管理沟通，了解用户需求与反馈，及时调整方案，提高设计的接受度和实施效果。

（9）可持续运营与维护。考虑景观设计的可持续运营与维护，确定合理的维护管理方案、运营机制与费用预算，保证景观长期稳定运行。

（10）技术评估与方案改进。结合实际情况，进行技术评估与方案改进，不断优化设计，提升景观方案的科学性与实用性。

第二节　设计表现

一、手工绘图

在景观设计领域，图纸手工表现的发展历程反映了人类对于自然景观和建筑环境的理解和表达的不断深化。20世纪90年代以来，科技的发展使绘图技术逐渐丰富，如CAD、BIM技术的普及给手工绘图带来了巨大的冲击，一度完全取代了手工绘图。但近年来手工绘图表现的方式在景观设计中再次引起了人们的强烈兴趣，主要原因如下。

（1）人文情感。手工绘图是设计师用手工绘画技术表达设计思想的一种方式，通过手工绘图，设计师可以将自己的设计理念、想法和意图直观地表现出来，具有较强的人文情感，这与计算机制图的冷冰冰的数字化表现相比，更容易引发人们的共鸣和情感认同。

（2）艺术性。手工绘图在表现方式上更加自由和灵活，可以体现设计师的艺术表现力和个人风格，具有更多的艺术性。通过手工绘图，设计师可以用更丰富的线条和色彩表达设计方案，使得设计方案更加美观和具有艺术感。

（3）直观性。手工绘图具有较强的直观性，可以帮助设计师和客户更直观地理解设计方案。通过手工绘图，设计师可以将设计方案的整体效果、空间关系和细节设计直观地展示出来，有助于客户更好地理解和接受设计方案。

（4）沟通交流。手工绘图是设计师与客户、决策者之间沟通交流的重要媒介。通过手工绘图，设计师可以与客户和决策者进行有效的沟通，解释设计方案的设计理念、设计目标和设计思路，有助于增强设计方案的可行性和可接受性。

1. 常用工具

根据不同绘图笔介质的特性，可以将绘图笔分为两大类：干介质绘图笔和湿介质绘图笔（图6-17）。

（1）干介质绘图笔。这类绘图笔在使用时不需要添加水或其他介质，主要包括铅笔、彩色铅笔。铅笔是最基本的绘图工具之一，适用于绘制草图、效果图、平面布局图、立面图等；彩色铅笔用于给绘图上色，可以增加绘图的艺术性和视觉效果。

（2）湿介质绘图笔。这类绘图笔在使用时需要添加水或其他介质，主要包括水彩笔、毛笔、画笔、钢笔等。水彩笔适用于在水彩纸上绘制涂鸦、草图、效果图等，使用水彩笔可以产生较为丰富的色彩效果。毛笔通常用于绘制装饰性的元素和字体，如绘制花草、树木、汉字等。毛笔的笔触柔软，能够绘制出流畅的曲线和独特的效果。画笔通常用于绘制大面积的颜色，如背景、地面、天空等。画笔的笔触柔软，能够涂抹出平滑和柔和的色彩。钢笔用于绘制直线和细节，如边框、线条、阴影等。钢笔的笔尖锋利，能够绘制出精细和清晰的线条。

2. 表现技法

（1）线条的运用。在景观手绘中，线条是最基本的手工绘图表现手法之一（图6-18、图6-19）。它是构成景观图纸的基础要素。线条的粗细、弯曲、方向等都会影响到绘画效果，设计师可以根据绘画的需要进行选择和运用。使用不同粗细、密集程度的线条与笔触来表现不同元素质地、材质、类型的区别，如细线条、稀疏的笔触可以表示树枝、花草、树叶等轻快的物体，而粗线条、密集的笔触可以表示建筑物、道路、墙体等富有厚重感的物体（图6-20）。

（2）色彩的运用。"色彩是景观设计最基本的造型要素之一，它能赋予形体鲜明的特征。景观手绘表现应注重对色彩配置的研究，任何色彩都有色相、明度、纯度三个方面的性质。把握好三要素，才能有效处理色彩间的平衡、层次，保持与环境色调的协调关系。"[1]色彩可以为绘画增添生气和活力。设计师可以运用不同的色彩和色彩的搭配，在纸面上表达设计

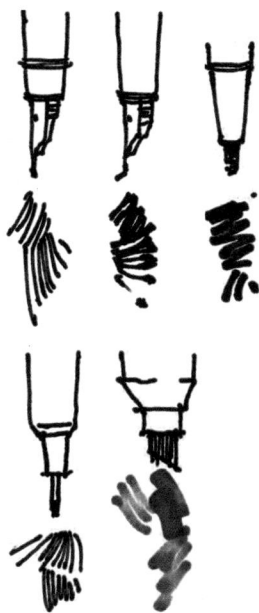

图6-17 不同工具笔线条示意

---

[1] 刘晨澍，刘艳伟. 手绘景观设计表现技法[M]. 南昌：江西美术出版社，2010：66.

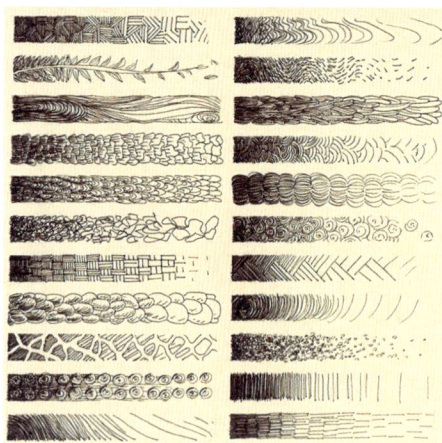

图6-18　线条排列练习1

图6-19　线条排列练习2

图6-20　线条绘画作品

图6-21　水彩景观1（日）赤坂孝史

图6-22　水彩景观2（日）赤坂孝史

方案的整体效果和氛围。例如，使用暖色调来表现温暖的光线、富有生机的植物等，而冷色调则可以用来表现阴凉的阴影、水体（图6-21、图6-22）。

（3）透视的运用。透视是一种绘画技法，通过模拟人眼对远近物体的观察方式，将物体在画面中按照近大远小的方式逐渐缩小，达到表现三维空间深度的效果。在景观手工绘图中，透视常用于绘制景观的立面、剖面、效果图等，以展示景观的立体感和空间关系。

准确的透视是成功效果图绘制的前提。设计者的构思和立意都是通过效果图来表达的，而物体在画面中的大小、比例、位置都是建立在科学的透视基础之上的。若没有准确的透视关系作为支撑，就是违背了人的视觉平衡，画面就会失真，也就无所谓美感了，所以学习透视是必不可少的。

目前在景观手工绘图表现中，主要的透视类型包括单点透视、双点透视和三点透视。

1）单点透视。又称为平行透视、一点透视，是最基本的透视技法。在单点透视中，所有平行线（如远处的铁轨、楼梯、长廊等）都会在一个点（称为消失点）上相交。这个消失点通常位于画面的正中央，对称地分布在绘图的两侧，使得平行线在远方时趋于平行，逐渐朝着画面中心汇聚（图6-23~图6-25）。

2）双点透视。双点透视又称成角透视，是一种更复杂的透视技法。在双点透视中，有两个消失点，分别位于画面的左右两侧。这种透视适用

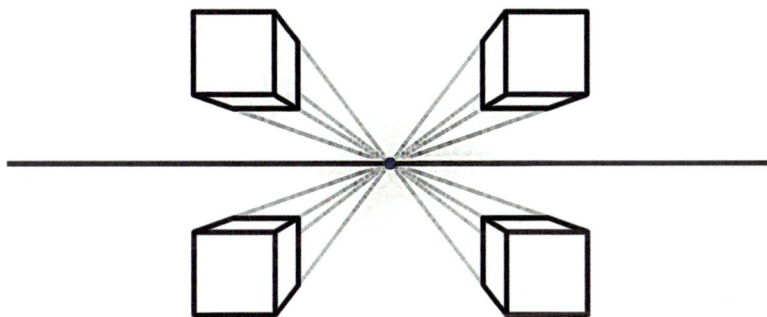

图6-23　单点透视示意图1

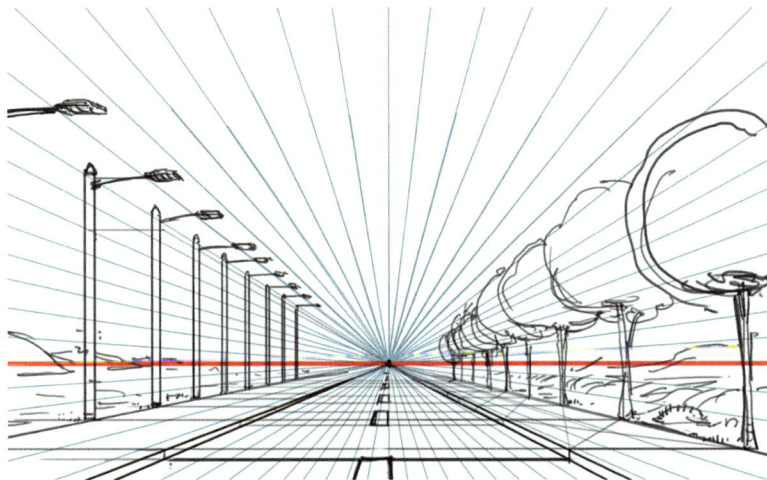

图6-24　单点透视示意图2

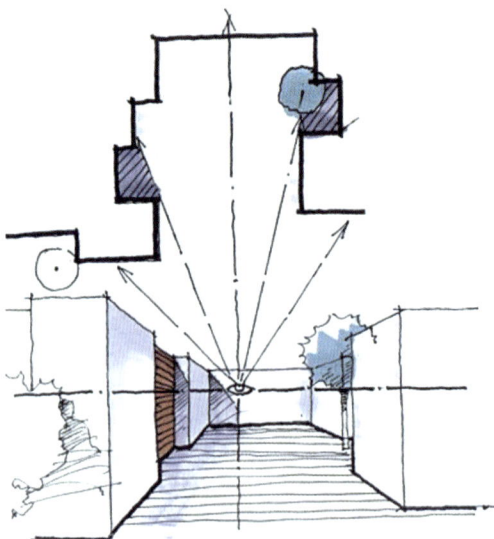

图6-25 单点透视示意图3

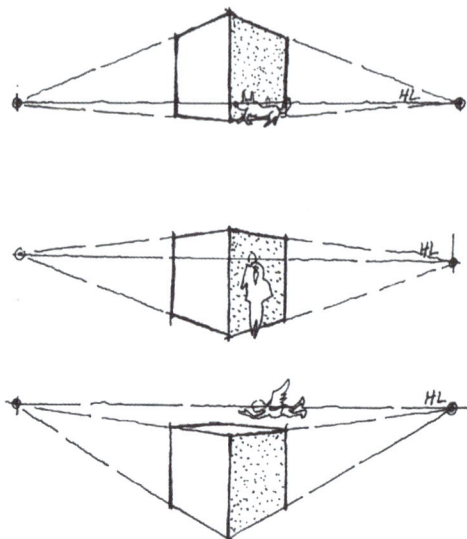

图6-26 双点透视示意图1

图6-27 双点透视示意图2

于垂直于地面的物体，如建筑物的立面、房间的内部等。在绘制时，水平线仍然是地平线，但垂直线会根据物体的位置指向两个消失点之一。与单点透视相比，双点透视不仅能表现空间的整体效果，而且更富于变化。这种透视所表现的画面立体感强，效果自由活泼，在景观手绘表现中用得较多（图6-26、图6-27）。

3）三点透视。三点透视是一种更复杂的透视技法。若建筑形体上3个方向的轮廓线均与画面相交，那么该建筑形体的透视图有3个主向灭点，故称其三点透视。三点透视一般用于超高层建筑的仰视图或俯瞰图。在三点透视中，有两个消失点位于画面的水平线之上或之下，另一个消失点位

三点透视

灭点

灭点

灭点

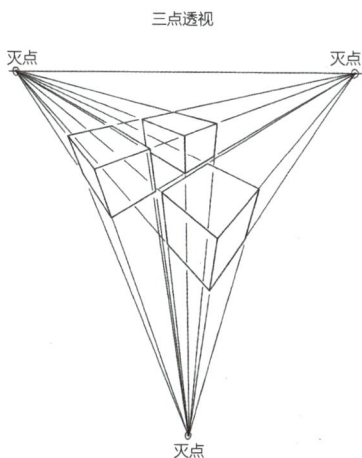

图6-28　三点透视示意图1

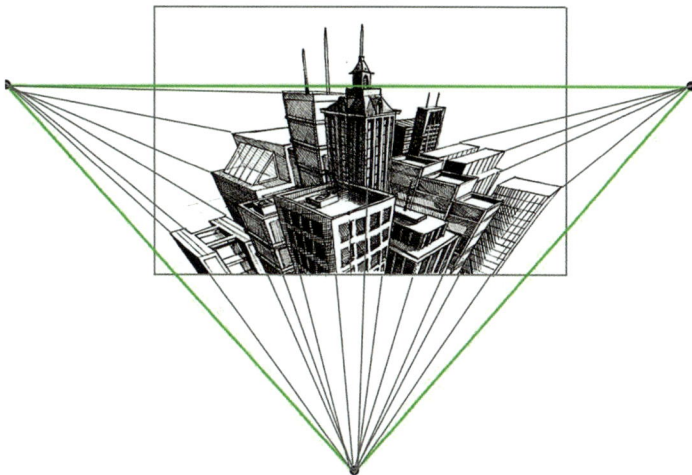

图6-29　三点透视示意图2

于画面的中央。这种透视适用于俯视或仰视视角，常用于绘制较高的建筑物或景观。在绘制时，水平线仍然是地平线，但垂直线会根据物体的位置指向两个水平线之一，而水平线也会根据物体的高度调整位置（图6-28、图6-29）。

二、计算机辅助表现

计算机辅助景观设计（Computer-Aided Landscape Design，简称CALD）是利用计算机软件和技术来辅助景观设计的过程。这一方法包括了多种工具和技术，从简单的CAD（计算机辅助设计）软件到复杂的地理信息系统（GIS），以及一些专用于景观设计的软件，如SketchUp、Lumion等。这些工具和技术的结合使得景观设计师能够更快、更精确地完成设计任务，同时也提供了更直观、更丰富的设计表达方式（图6-30~图6-34）。

计算机辅助表现特点

（1）准确性。计算机辅助景观设计可以保证设计的准确性，避免人为错误的发生。

（2）高效性。计算机辅助设计可以节省时间，提高效率，使得设计师可以更快地完成设计任务，并且制图软件提供了丰富的设计元素和素材，设计师可以根据需要随时添加和修改。

（3）可交互性。计算机辅助设计软件通常具有交互性，可以让设计师和客户在设计过程中进行实时交流和反馈，通过制图软件生成的3D模型，使得设计师和客户可以更直观地了解设计方案。

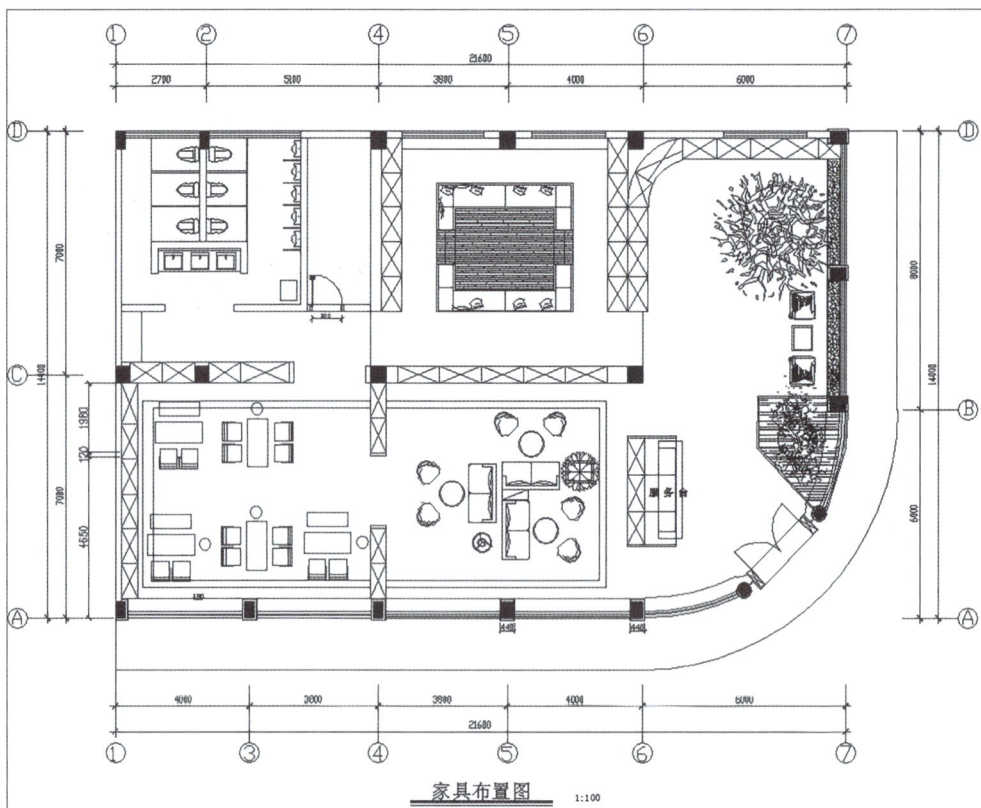
图6-30 阅读空间平面图

图6-31 公园设计效果图1

图6-32 公园设计效果图2

图6-33 居住空间设计效果图

图6-34 景观设计效果图

三、手工模型制作

模型是根据实物、设计图、设想等，按整体比例、生态环境或其他特征而制成的缩样小品，具有展览、绘画、摄影、实验、测绘等展示用途。模型常用木材、石膏、混凝土、金属、塑料等作为加工材料。"从模型出现之初，它就具有双重功能，一方面服务于创作过程，另一方面成为一种浅显易懂的交流手段。模型表现和效果图、动画等景观表现手段一起，成为景观设计中不可替代的环节。它不仅是专业人士研究和推敲设计、深入思考的手段，也是业主、媒体和大众等非专业人士理解景观设计艺术、感受景观文化的最真实、最直观、最全面的媒介。"[1]（图6-35~图6-38）。

以下主要从景观模型在景观设计中的作用、制作模型中常见制作材料方面讲解，使学生对景观手工模型有初步的了解与认识。

（一）景观模型的作用

（1）直观表达。相比于手工绘图与计算机制图，景观设计手工模型能够提供更加直观、更真实的设计表达方式，使设计师和客户能够更直观地了解和评估设计方案，从而更好地理解设计概念和意图。

图6-35　韩国新陶艺博物馆手工模型1

---

[1] 傅志毅，郑重，蒙良柱. 景观模型制作[M]. 武汉：华中科技大学出版社，2017. 09：2.

图6-36 韩国新陶艺博物馆手工模型2

图6-37 挪威哈特霍尔教堂手工模型1

图6-38 挪威哈特霍尔教堂手工模型2

（2）真实性。手工模型作为实物，有形体与质感，可以使设计方案看起来更真实、有生动性，有助于提高设计的质量，使得设计思路可以更加形象具体地展示在大众面前。

（3）思路的深入。景观模型对设计思路的细化深入，形体结构的精细刻画，人与空间关系的体验，综合功能的全面验证，表现风格的优化比较有着十分重要的作用，可以更好更快地推进设计进程。

（二）常见制作材料

（1）纸类。纸质材料在现代建筑模型制作中应用最广泛，它的质地轻柔、规格多样、加工方便、印刷饰面丰富。目前，常用于建筑模型制作的纸质材料主要有：书写纸、卡纸、皮纹纸、瓦楞纸、厚纸板、箱纸板等，它们的厚度、质地均不同，能适应各种场合的需要（图6-39、图6-40）。纸材一般不单独使用，而是常用来与木材、塑材搭配使用。

图6-39 纸类材料1

图6-40 纸类材料2

图6-41　木质模型框架

图6-42　木质模型

（2）木材。木质材料是最传统的模型材料，木材质地均衡、裁切方便、形体规整，自身的纹理即是最好的装饰，在传统风格建筑模型中表现力非常强（图6-41、图6-42）。但是木材的加工比较严谨，最好利用机械切割、打磨，光滑的切面与细腻的纹理是高档建筑模型的关键。现代模型材料非常丰富，除了实木以外还有各种成品木质加工材料，例如：胶合板、木芯板、纤维板等。

（3）塑料。塑料材料的发展最为迅速，它是合成的高分子化合物，可以自由改变形体样式，主要由合成树脂及填料、增塑剂、稳定剂、润滑剂、色料等添加剂组成。塑料与其他材料比较，具有耐化学侵蚀，有光泽，部分透明或半透明，重量轻且坚固，加工容易可大量生产，价格便宜，用途广泛，容易着色等特点（图6-43、图6-44）。

根据塑料的使用特性，通常分为通用塑料、工程塑料和特种塑料三种类型。建筑模型专用的型材属于通用塑料，主要有聚氯乙烯（PVC）、聚乙烯（PE）、聚苯乙烯（PS）、聚甲基丙烯酸甲酯（PMMA）、丙烯腈丁二烯苯乙烯共聚物（ABS）等。

（4）泡沫板。泡沫板是一种常用于景观模型制作中的材料，它具有轻便、易加工、成本低廉等优点，适用于制作各种形状的地形、建筑物、

图6-43　塑材模型1

图6-44　塑材模型2

图6-45　泡沫材料模型

图6-46　比利时圣特雷登老年人生活和护理中心模型

道路等元素，并且大部分泡沫板可回收利用，可以减少对环境的影响。泡沫板通常由聚苯乙烯（EPS）或聚氨酯（PU）制成。EPS泡沫板轻巧且价格较低，是常见的模型材料；而PU泡沫板更坚固耐用，但也更昂贵（图6-45、图6-46）。

本章总结

　　本章深入探讨了景观设计的表现方式，从概念的阐释到设计方法特点的介绍，全面解析了景观设计表现方式的发展历程与演变趋势。通过对不同类型表现方式的详细讲解，为学生提供了全面的知识视角，旨在引导学生对景观设计表现方式有系统性的理解与把握。

　　本章教学目标在于培养学生对于景观设计表现方式的敏感度和创造性思维，为其将来的设计学习与实践提供坚实的理论基础与技术支持。

课后作业

　　（1）学生选取一种自己感兴趣的景观设计表现方式，并进行表现实践，做出设计成果。

　　（2）景观设计有哪些表现要点？简述景观设计不同表现方式的特点。

思考拓展

　　通过对所学知识的总结思考，是什么原因导致了景观设计表现方式的更新迭代？

课程资源链接

课件

第七章 景观设计解析

第一节　设计准备

一、业务洽谈

（1）准备资料。在与潜在客户进行洽谈之前，景观设计师需要准备好相关的资料和信息，包括公司与设计师介绍、作品集、项目案例、服务范围、设计流程等。这些资料可以展示设计师的专业能力和经验，提升洽谈的信心和效果。

（2）初步接触。通过电话、电子邮件或社交媒体等方式与潜在客户进行初步接触，了解客户的需求和项目背景，同时介绍自己的设计团队和服务内容。在这个阶段，建立良好的沟通和信任是非常重要的。

（3）需求分析。在初步接触之后，进行深入的需求分析。与客户沟通，了解项目的具体要求、目标、预算、时间等方面的考虑，以便为后续的设计方案制定提供参考和指导。

二、实地调研

（1）确定考察目的。在实地考察之前，首先需要明确考察的目的和重点。这包括了解场地的地形、植被、土壤、气候等自然条件，考察现有的建筑结构和设施，以及研究周边环境和社区背景等。

（2）场地勘测和测量。进行实地勘测和测量，对场地的地形、尺寸、边界等进行详细记录。这包括测量地面高程、标记地形特征、记录植被分布等，以获取准确的场地信息。

（3）收集资料和信息。收集与场地相关的各种资料和信息，包括土地所有权、地形图、地形分析、土壤分析、气候数据、历史资料等。这些资料对于后续设计的分析和决策都至关重要。

（4）拍摄照片和录像。对场地进行拍摄照片和录像，记录场地的外观、氛围、周围环境等情况。这些视觉资料可以为设计师后续的设计工作提供参考和灵感。

三、初步设计

（1）构思理念。在了解项目要求和场地条件后，设计师开始进行概念构思。这包括头脑风暴、灵感收集等活动，以此确定设计的主题、风格和整体框架。

（2）设计草图。基于概念构思，设计师开始绘制草图。这些草图通常是简单的手绘或电子绘图，用来表达设计的基本构想和布局方案，包括景观要素的位置、形态和比例关系等。

（3）制订初步方案。在草图设计的基础上，设计师开始制订初步设计方案。这包括将草图设计转化为更具体和详细的设计方案，考虑景观要素的功能性、可行性和美观性，确定材料和植物的使用等。

（4）制作概念图和效果图。设计师可能会制作概念图和效果图，以展示初步设计方案的外观和效果。这有助于客户更好地理解设计方案，提供反馈意见，同时也有助于设计师进一步完善设计。

（5）与客户沟通和确认方案。设计师与客户分享初步设计方案，并进行沟通和讨论。设计师需要倾听客户的意见和建议，根据反馈进行调整和修改，直至客户满意并确认最终的初步设计方案。

四、最终方案确立

（1）细化方案。根据客户的反馈意见，对初步设计方案进行进一步细化和完善。这可能涉及到调整景观要素的位置、形态和比例，优化设计布局，以及改进设计细节等。

（2）制订技术细节。制定施工图和技术细节图，包括平面图、剖面图、细部图等。这些图纸需要清晰地展示设计方案的各个方面，为施工提供详细的指导和依据。

（3）选择材料和确定规格。确定景观材料的选择和规格，包括地面铺装材料、植物种类、景观家具等。根据设计要求和场地条件，选择适合的材料，并确定其具体规格和数量。

（4）确定植物配置和种植方案。根据植物特性和景观效果，确定植物配置和种植方案。考虑植物的生长习性、生长高度、色彩搭配等因素，合理布局植物，以实现设计效果和景观氛围。

（5）制作施工图纸。根据技术细节和规格要求，制作施工图纸和工程图纸。这些图纸需要清晰明了，包含详细的尺寸标注、材料规格、施工要求等，为实际施工提供准确的指导和依据。

（6）整理最终方案报告。将所有设计内容整理成最终的设计方案报告，包括设计说明、施工图纸、材料清单、预算估算等。设计师可以向客户提交该报告，并与客户共同确认最终设计方案。

第二节 设计展开

基于中国传统山水画的校园景观设计项目——以上海某大学校园景观设计为例

（一）设计背景

大学校园作为学术研究和交流的空间场所，反映了学校的教学理念和思想。它以师生学习交流活动作为主体，应该更加注重环境的营造。中国传统山水画与古典园林的造园艺术为我国景观设计带来了很好的设计范式，也为大学校园景观带来了一些新的设计理念。

此设计依托大学校园中原有的自然景观条件，注重校园山水环境与建筑的有机结合，以人为本，尊重场地自然空间格局，疏山理水。将山水画及古典园林中的"山水"文化作为大学校园景观设计创作的主题，既能够继承延续自身独特的文脉，又能从形态、精神、审美上为校园生活和师生学习环境创造具有特色的景观空间。

知识目标

（1）掌握景观设计的基本过程。

（2）培养学生根据不同场地条件分析设计要点的能力。

（二）设计过程

1. 项目分析

（1）现状。项目位于上海市松江某大学校园（图7-1）。校园内林地、水体、地形等自然条件丰富。校园共占地约50.8万m^2，现有不同种类的绿地面积共占地约19.6万m^2，自然水体面积约8.5万m^2（图7-2）。校区师生一万余名，校内建筑面积约15.9万m^2。在同类型高校中，其国际交流生占比较多，因此，营造良好的校园景观特色，体现上海高校的景观设计风貌，显得极为重要。

（2）不足之处。当前校区规划布局结构不够明确，空间布局没有形成良好景观效果，各功能区相对独立，没有形成整体效果，科研教学、校园生活、运动休闲等功能空间与校园整体环境脱节（图7-3）。校园内景观轴线没有明确划分，建筑风格各异，没有统一形式。校区内大片林地、湿地与教学生活区距离较远，导致利用率不足（图7-4）。校园原有道路系统采用简单几何网状形式，没有形成具有特色的道路步行体系，师生与校园景观没有形成良好的互动效果（图7-5）。

通过仔细研究和分析现有的场地资源，设计方案得以更加精准地契合实际需求和条件，从而使得设计更具有针对性和可操作性。

图7-1　区位分析

上海工程技术大学
东华大学
楷家浜路
龙腾路
河流
松江人民北路
上海视觉艺术学院
项目用地
上海外国语大学
文翔路
上海第一人民医院

———— 公路
– – – 河流
–·–· 轨道交通
······ 景观

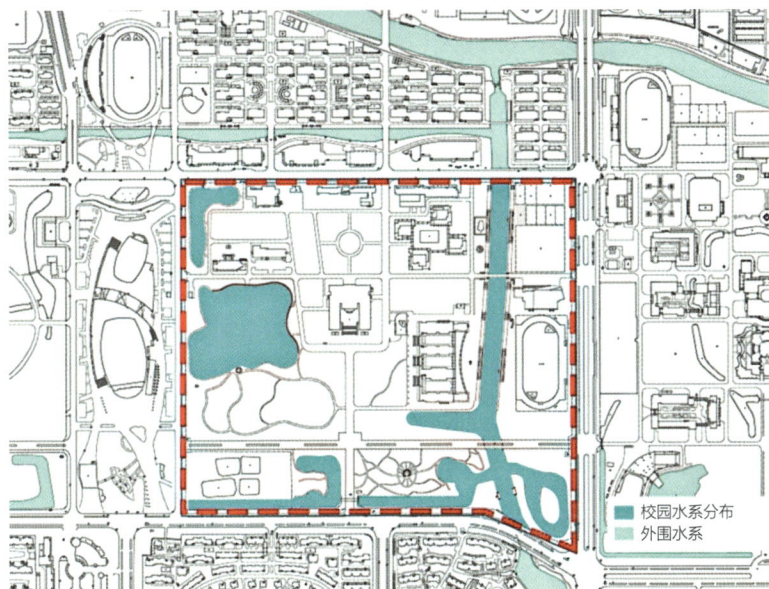

图7-2　前期水域分析

校园水系分布
外围水系

图7-3　前期景观等级分析1

原始绿地景观等级

一级景观
二级景观
三级景观

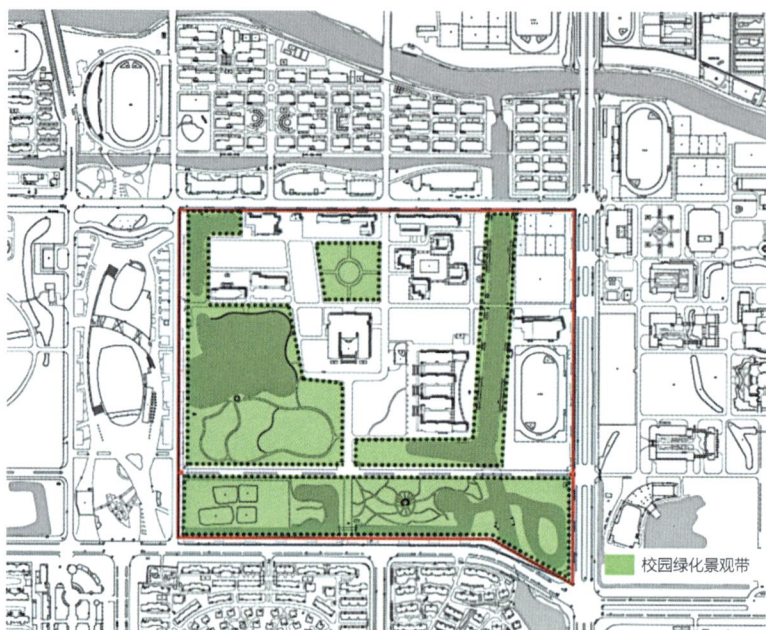

图7-4　前期景观等级分析2

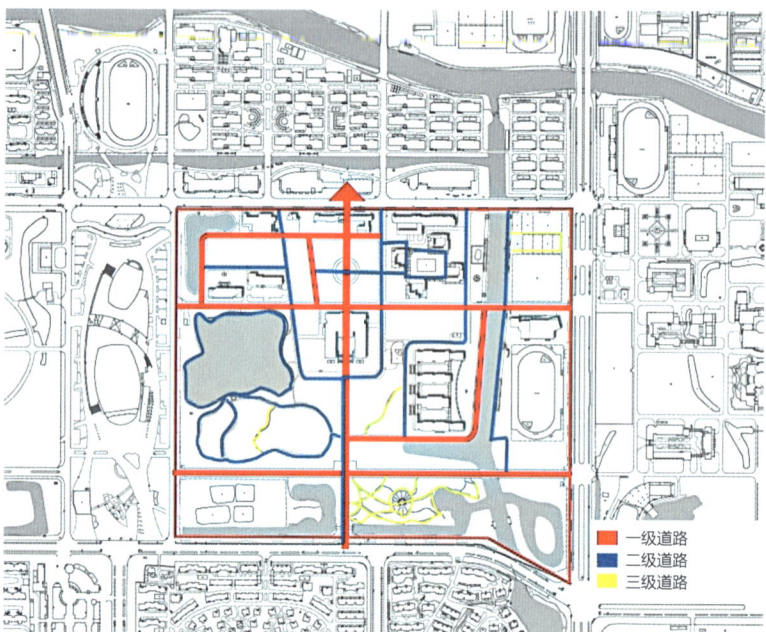

图7-5　前期道路分析

2. 设计扩初

（1）设计定位。项目选址位于上海市松江区，松江区历史文化悠久，有"上海之根"之美誉。松江区水资源丰富，河流交错纵横，降水量充沛（图7-6）。地处亚热带季风性气候，夏季炎热，冬季较为寒冷，季节交替较为明显，自然条件优越（图7-7）。历史名人以明代书画大家董其昌为代表。董其昌为"华庭画派"的杰出代表，提倡"南北宗论"，画风优雅古朴。

本项目基地内水体、坡地等"山水"元素丰富，校园景观设计时以"山水"为设计定位，从松江传统文化的角度出发，从董其昌山水画《佘山游

上海月平均降水量（mm）

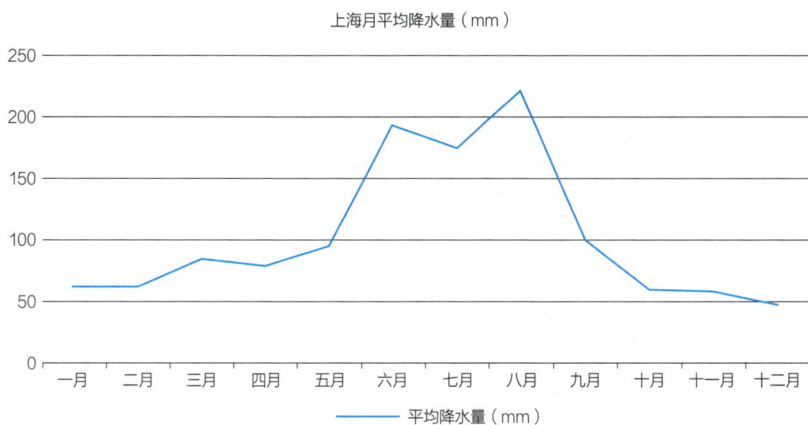

图7-6　上海月平均降雨量

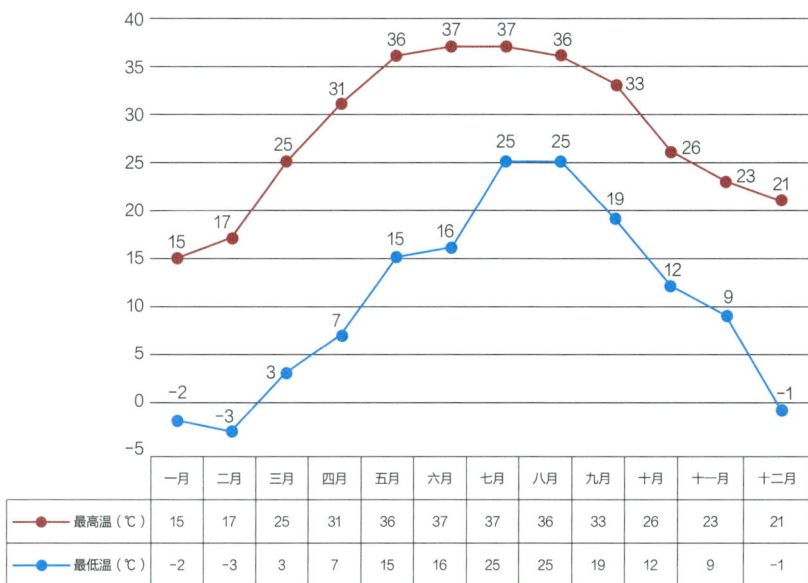

	一月	二月	三月	四月	五月	六月	七月	八月	九月	十月	十一月	十二月
最高温（℃）	15	17	25	31	36	37	37	36	33	26	23	21
最低温（℃）	-2	-3	3	7	15	16	25	25	19	12	9	-1

图7-7　上海月度气温分布

境图》中提取"山水"要素（图7-8）。董其昌的山水画论主张以古代经典为基础、以起承转合为方法，强调模仿自然的创造性（自然山水创生之理）而非模仿自然的创造物（自然山水），强调书画中学习自然山水的内在含义，而非表象，这与本次设计主体有异曲同工之处。

（2）整体景观设计布局注意事项。景观设计要以校园师生为主要群体，注重师生在环境中的情感体验。从中国传统山水画论的研究中，对校园景观设计中的"情""境"进行阐释，创作更多要关注生活在校园中的人与他们的内在精神，以及校园文化，将山水画作为校园景观设计的"设计图"，使得整体空间延续山水图式，借鉴园林"法式"，营造"形神—气韵—意境—情感—互动"兼备的山水校园景观。让师生置身其中，更能感悟到自然、情感的统一。

图7-8 元素提取分析

3. 理念呈现

（1）绿地。通过传统山水画为立足点，实现景观空间的营造。从整体设计构思到最后的设计实践，都将传统"山水"美学思想进行理性的逻辑分析，在设计上对山水画和园林景观的营造进行借鉴，分析项目基地中的自然景观条件，将基地内原有的景观条件与传统山水文化中空间布局、画境营造以及景观元素的搭配相结合，将原有景观绿地进行合理配置，避免景观功能堆叠，造成人群分布不均（图7-9）。

（2）水系。在设计上，根据场地内水系优势，实现场地空间结构的相互贯通，并且提高水景的美感，体现山水意境。根据校园建筑群落的等级和自然景观条件，将校园空间结构划分成三个主要群落，每个群落虽然独立，但是有保留联系，促进各个结构里师生与环境的交流融合，如科研楼、教学楼、图书馆等教学建筑位于同一群体，保障科研、教学工作的有

图7-9 现有绿地等级
分析

一级景观
二级景观
三级景观

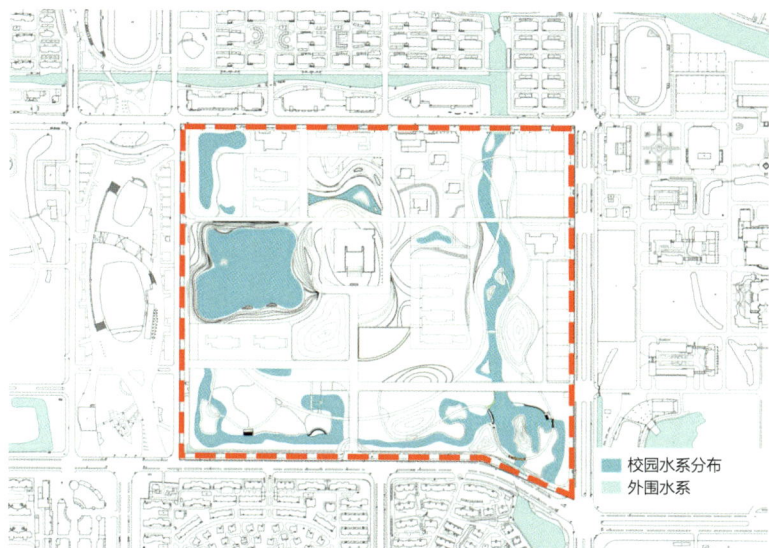

校园水系分布
外围水系

图7-10　水系分析

序进行。学生活动中心、运动场、食堂等休闲活动场所处于同一群体，保障校园师生的生活需求。校园内原有的林地、湖泊作为一个群体，促进学生课余文化交流。将校园内的建筑与周围自然景观结合，形成良好的院落空间。各个院落空间内利用"山形"元素构造成的基本脉络，增加院落之间的过渡，提高景观的亲切度和观赏性（图7-10）。

（三）设计方案整体规划

整个设计方案从"山水"校园景观的设计理念出发，提取中国山水画中的设计元素，同时充分考虑场地因素，使校园内部水体、地形、建筑、植物之间相互联系，形成统一整体，同时将校园绿地系统中绿化系统纳入设计之中（图7-11）。

在对校园山水的创作中，要讲究现场感，通过分析观察，发现校园建筑的形式语言的美感，把校园客观形式上升为艺术表现形式，重新整理景物中所呈现的点线面构成，依靠校园内部水系和地形自由形成院落和景观空间，并形成特定景观功能区。场地内部水体资源分布均匀，根据场地设计需要将基地内部水系打通，形成园内活水系统。同时依靠园内坡地及山石元素，一同构建成"山水校园"的景观骨架。

（1）景观轴线。从整体上来看，校园景观空间结构的划分都趋于均衡，在设计时根据地形地貌最大限度保留场地原有的自然条件。整个基地形状呈现方形结构，为提高校园景观场地的利用率，根据空间划分将区域内景观轴线划分为两级，分别为主要景观轴线和次要景观轴线。主要轴线为校园主入口方向，正对学校信息楼，在主要景观轴线上形成开阔的空间，同时以高大乔木、山石、水体组成的主要景观节点，形成视觉高潮。同时与周边道路景观形成呼应，湖边沿线作为次要景观轴线的主体，以其自然优势加强校园景观的可游性。同时校园内次要景观轴线根据自然式道路排布，在校园绿地、广场等人群密集区域设置景观节点，设计满足校园师生活动的集散、休闲、运动的景观空间。

图7-11　平面图

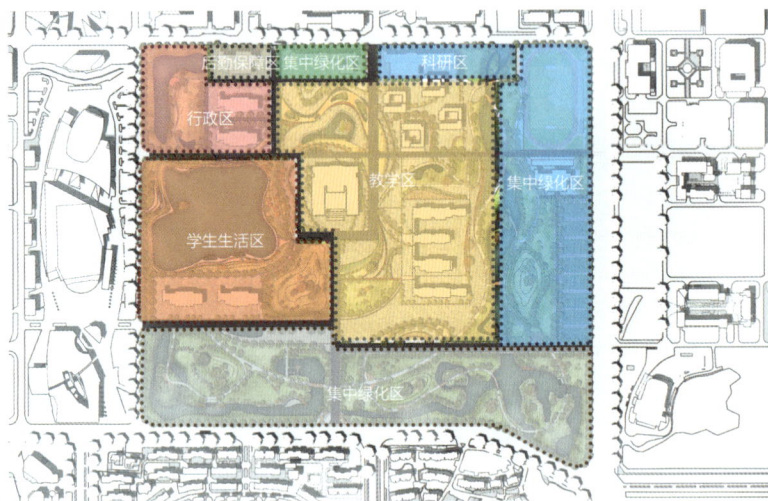

图7-12　功能分区

（2）景观布局。整体规划布局遵循了"山水"校园的设计理念，旨在表达校园景观中的山水意境。景观设计上尊重自然本身，强调校园内人、环境和自然的共存与融合。从平面方案上，围绕校园景观轴线将校园划分为八个功能区，每个功能区都经过精心设计，设置了独特的景观节点。这些节点的设置不仅增加了校园景观的多样性，还丰富了校园的整体氛围，为师生提供了更丰富的视觉体验和活动空间（图7-12）。

（3）道路系统。校园道路设计融合了自然式和规则式的特点（图7-13），并借鉴了古典园林的造园理念。自然式的道路设计在校园中有助于保护自然景观，同时满足了人们对于游园的需求；而规则式的道路则能够满足校园内交通和行人的需求。通过合理梳理道路、水系和坡地等元素，校园景观的动线得以更加合理地构建，提升了整体的景观品质（图7-14、图7-15）。

（4）植物配置。植物在校园空间设计中扮演着重要的角色，对于营造自然生态环境至关重要。在设计中，植物的合理选择和搭配是确保景观空

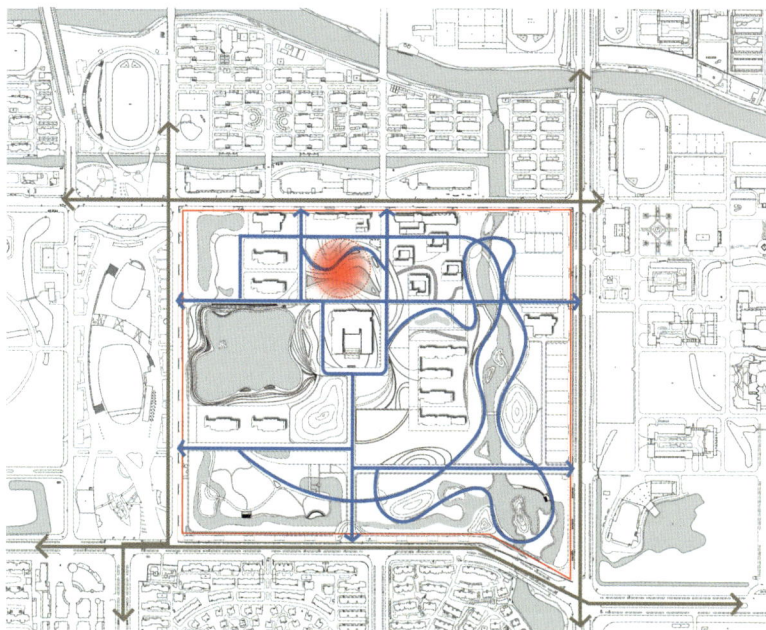

图7-13　道路分析

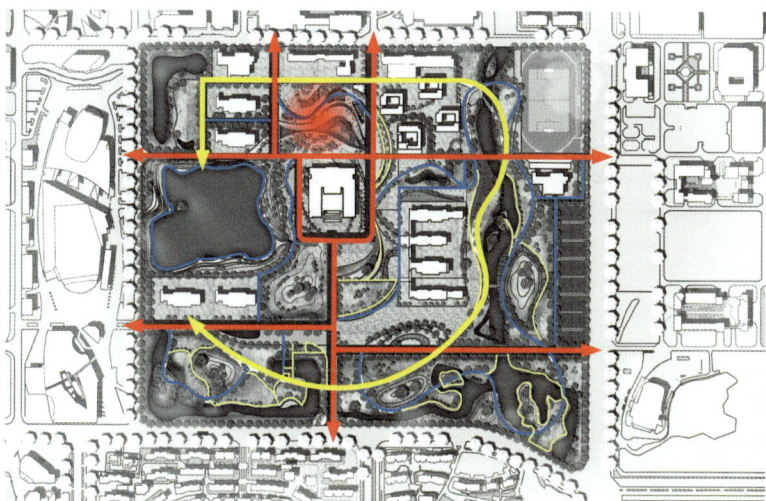

图7-14　动线分析

图7-15　节点分析

间成功的关键之一（图7-16~图7-18）。上海松江区属于亚热带季风气候，因此在植物选择上主要采用适应当地气候条件的本土植物为主，辅以其他气候类型的植物（图7-19）。这种植物搭配策略旨在确保校园植被的健康生长，并与周围环境相协调，为校园带来自然美感与生态平衡。

在景观设计方案中，可以通过展示节点配置的方式使设计思路更加清晰明了（图7-20~图7-22）。

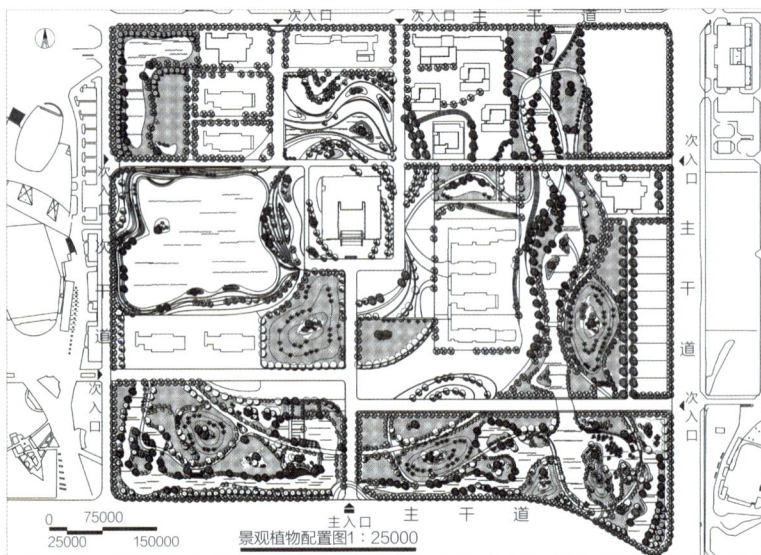

图7-16　植物配置图

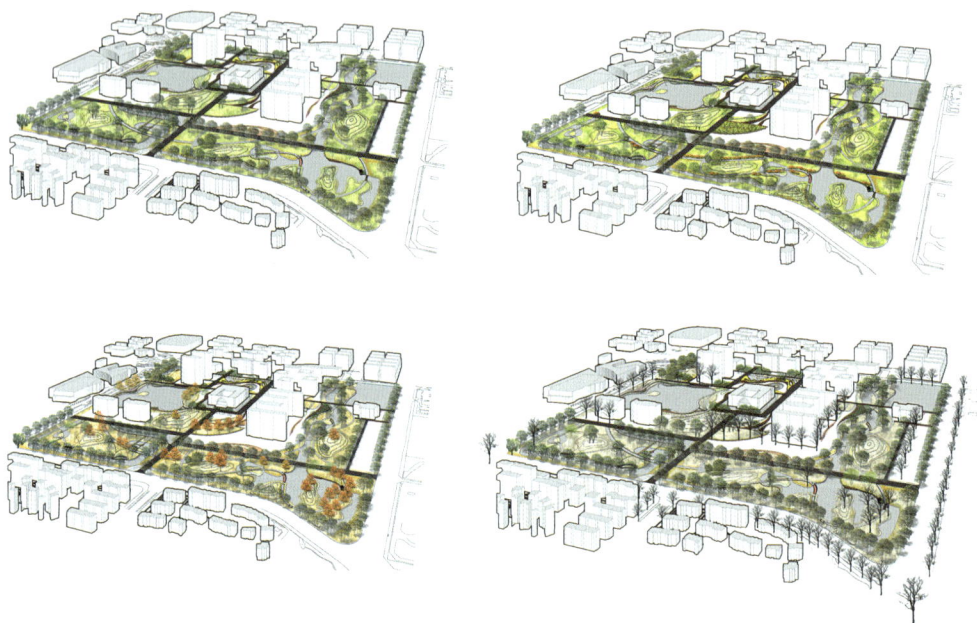

图7-17　季相分析

图7-18　效果示意

图7-19　植物配置示意1

图7-20　植物配置示意2

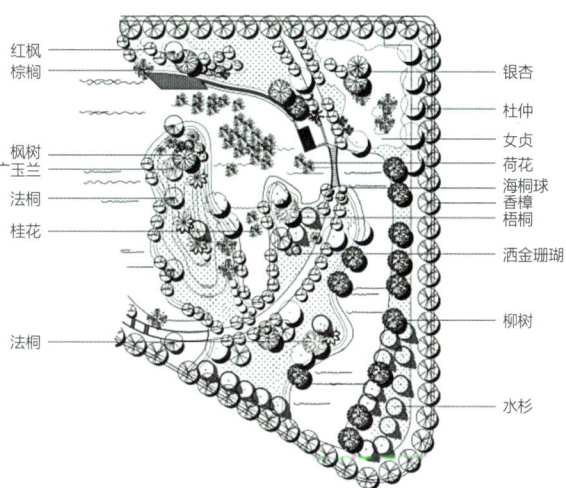

红枫
棕榈

枫树
广玉兰
法桐

桂花

法桐

银杏
杜仲
女贞
荷花
海桐球
香樟
梧桐

洒金珊瑚

柳树

水杉

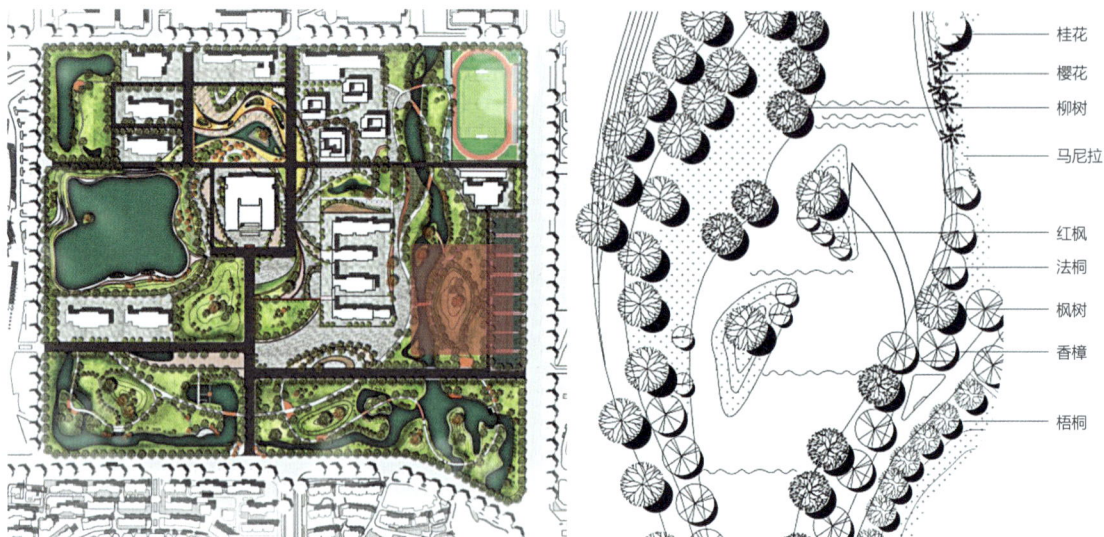

图7-21 植物配置示意3

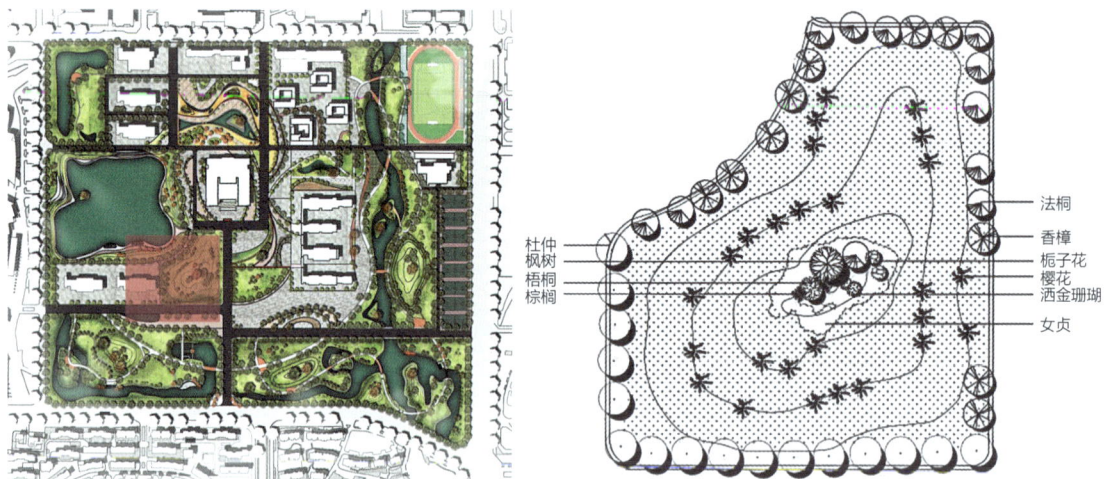

图7-22 植物配置示意4

（5）景观空间营造。确定功能分区、道路、植物等景观元素后，通过空间的主次、虚实、疏密的艺术效果，从横向和竖向两个方面对校园景观空间进行营造。

1）横向空间。通过点、线、面形成的景观，进行空间围合、遮挡，彼此联系，相得益彰，达到空间韵律美。运用植物、景观小品和景观建筑的围合，对校园景观中的节点进行整理修饰，做到张弛有度，达到有"开"有"合"的效果。如校园景观湖畔，绕过建筑与植物小径的遮挡，后方湖泊、高低起伏的观景平台，带来"拨云见日"的景观体验，从横向空间上，让视野豁然开朗（图7-23）。

2）纵向空间。竖向空间设计与校园内景观元素相结合，整体空间设计围绕"山水"校园的理念展开，竖向的设计结合了校园景观中的地形、道路、植物等景观要素，丰富了景观空间效果（图7-24～图7-29）。

（6）效果展示。

图7-23　环湖景观剖面图

图7-24　环湖步道效果图1

图7-25　环湖步道效果图2

图7-26
景观小品

图7-27
景观效果1

图7-28
景观效果2

图7-29 景观效果3

本章总结

　　本章节通过一个具体的景观设计案例，帮助学生深入理解景观设计从准备到实施的过程。在设计准备阶段，通过对场地的自然条件（如地理位置、气候）的详细调研，可以认识到前期数据收集对设计方案的科学性和合理性至关重要。在设计理念的形成过程中，要综合考虑场地特征、用户需求、功能、美学和可持续等多种因素，体现创新和实践平衡，本案例可使学生更深刻地体会到景观设计的复杂性和多样性，并学会将理论和实际相结合。

课后作业

　　（1）回顾本案例的设计过程，思考在设计准备阶段哪些数据和信息对设计方案的制订产生了影响？如果没有这些信息，设计方案会出现哪些问题？
　　（2）在实际实施过程中，本案例可能会遇到哪些挑战？如果你是设计师，会如何处理？

思考拓展

　　假设你负责一个类似项目，如何应用本案中的经验？会有哪些不同的设计策略？

课程资源链接

课件

景观设计案例

第一节　企业景观设计项目分析

一、天津中骏·宸景湾住宅区景观设计

在对未来生活充满美好想象的背景下，人们对涵盖舒适自然环境、身体健康以及心灵满足与平静状态的环境需求日益凸显。为此，设计师提出乐享家园的概念，旨在将关于自然、健康与心灵这三个方面的元素融入设计之中，以实现幸福生活的本质。该理念旨在通过创造舒适自然的居住环境，提升居民的生活品质，满足他们对身体健康和心灵满足的追求。通过将自然元素融入居住空间设计，提升居住环境的舒适性和美感，为居民创造一个身心愉悦的生活场所。

（1）区位。项目位于天津市西青区中部地区，处于北镇板块及杨柳青板块之间，距离市区10km。无可利用景观资源，使该地区缺乏自然环境吸引力，因此项目需要自身景观营造，打造高品质景观环境（图8-1）。

（2）设计理念。景观设计以"共享生活，乐享家园"为设计主题，

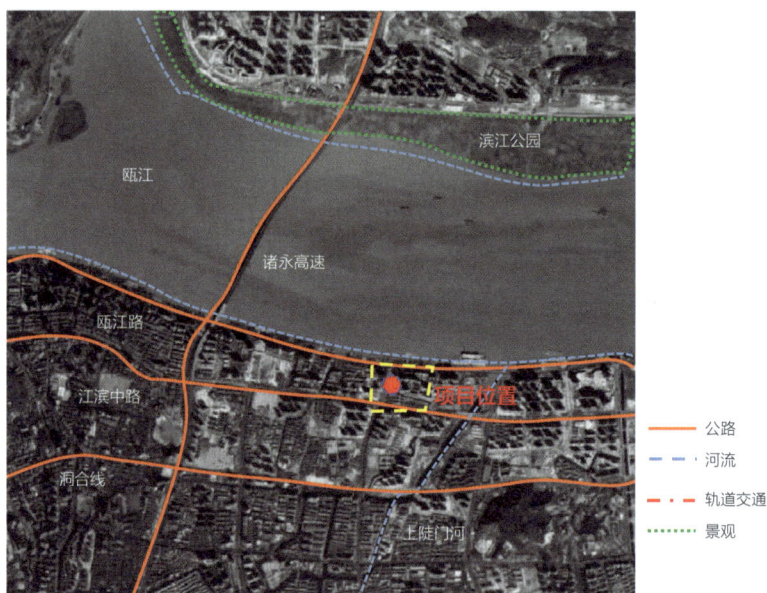

图8-1　项目区位分析

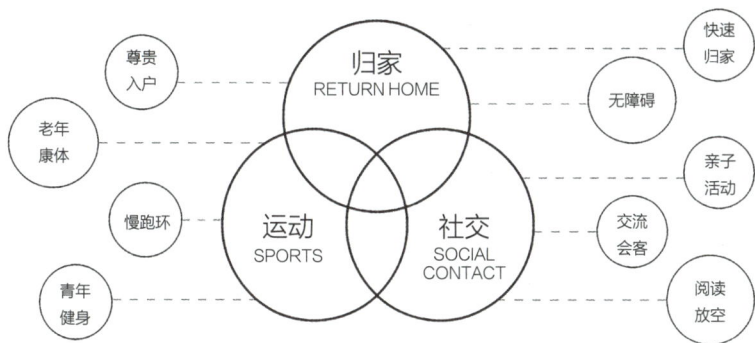

图8-2 设计思路示意

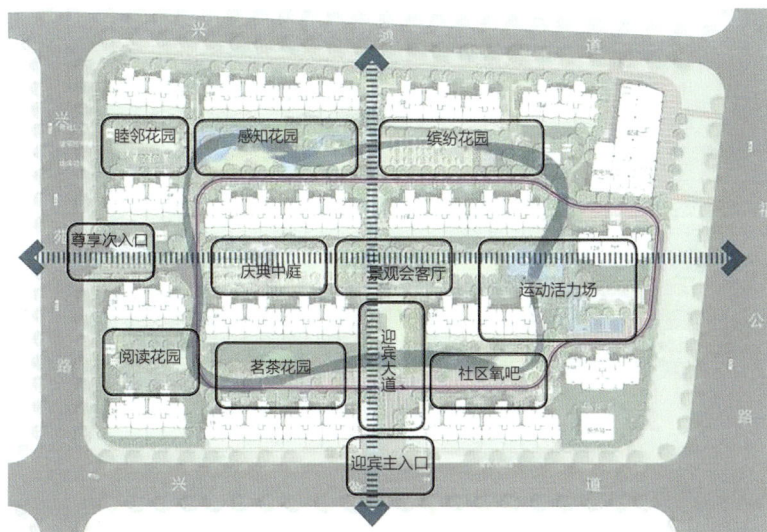

图8-3 住宅区内部规
划示意

旨在通过对"共享"和"乐享"概念的深入探讨，以及对归家、运动与社交这三方面的综合考量，构建一个健康、可持续发展的住区未来生活新方式。该设计理念旨在营造一个社区环境，促进居民之间的互动和共享，同时通过提供丰富的归家体验、优质的运动设施以及社交空间的建设，满足居民对健康、乐趣和社交的多重需求（图8-2、图8-3）。

（3）空间设计逻辑。设计师在方案阶段通过划分主次空间，实现疏密有致的景观布局，并根据主次景观的差异合理调整成本投入，以有效分配资金，有重点地打造小区景观。

在设计过程中，将设计核心放置在小区出入口、儿童活动场，以及单元入户等主要空间，通过布置门楼、景墙、廊架、活动设施等小品，以提高场地品质。这种设计方法旨在通过合理规划和重点打造，为居民提供舒适、美观、功能齐全的社区环境，从而提升整体居住体验（图8-4～图8-7）。

（4）材质选用。在该项目中，考虑到石材具有强烈的品质感且价格较高的特点，将其重点应用于迎宾入口空间、节点控空间以及单元入户空间（图8-8），以最大化地提供给住户高品质的环境和生活体验。为了控制成本，选择了价格较低的烧结砖类材料用于游园道路，并通过排列组合设计，控制平整度和线条感，打造出美观、独特的视觉效果。在道路的选择

图8-4　住宅区步道景观设计1

图8-5　住宅区步道景观设计2

图8-6　景观廊架设计

图8-7　儿童娱乐空间设计

图8-8　会客区域设计

图8-9　游园道路设计

上，采用了沥青作为主要材料，其平整度高且少尘，经久耐用。为了避免单调，贯穿了一条健康跑道，突显了高品质居住社区的亮点（图8-9）。这一设计方案旨在通过精心的材料选择和布局设计，为居民创造出具有高品质感和多样化功能的生活空间，提升整体居住体验。

（5）植物搭配设计。在植物设计中，不仅要追求一时的效果，更要考虑到长期居住的需求，以艺术的搭配方式进行设计。此项目优先选择本土植物如国槐、合欢、栾树等，因其具备更强的适应能力并能够突显地方特色和人文魅力。乔木的种植主要集中在主入口和重要节点，以提升景观的氛围感和视觉效果。在园路设计中，避免使用大型树种，采用半开敞空间设计，以避免植物堆砌导致环境阴郁。同时，利用园路边界设计户外运动空间，既美化社区环境，又为业主提供锻炼身体的绿意场所。乔木与灌木

图8-10　阅读花园植物景观设计

图8-11　宅间植物景观设计1

组团栽植靠近道路，而邻近建筑的植物则采用草坪代替，以避免低层建筑光照受到影响，同时打造园路空间氛围，便于后期的管理维护。这种植物设计理念旨在兼顾美观、实用和可持续性，为居民提供舒适宜人的生活环境（图8-10～图8-12）。

图8-12　宅间植物景观设计2

二、中梁地产滨江壹号住宅景观设计

（1）设计理念。项目位于中国浙江省温州市旅游区内（图8-13），设计师以构建一座自然之城、景观的设计理念为出发点。设计师通过从自然中的山、水、石、植物等元素中汲取灵感，勾勒出山静、水流、林动、石沉等景观花园。在设计中引入了自然栖居的理念，规划出"归家、聆瀑观山、静赏云莲、林中秘境、林境夹道"五大主题景观。设计的愿景是创造一个身居城市之中，却能隔绝城市喧嚣，让人融入自然的栖居之地（图8-14～图8-18）。

（2）入口空间设计。入口空间作为小区与外部环境的分界线，需要同时满足小区内部的设计要求及城市规划的要求，同时最大限度地发挥其协调性和美观性。在主入口的设计中，通过采用特色景观灯和两棵对景罗汉松结合标志景墙的手法，形成了强烈的入口序列感。在正中位置放置简约艺术雕塑，摒弃了繁杂的设计，却又能形成记忆点。而次入口的设计则采用自然式植物组团结合标志景墙，具有极高的识别性，让居民能够一眼就产生归属感。此外，人车分流的人性化设计保证了居民的人身安全。

（3）住宅区景观设计一（聆瀑观山）。作为住宅区景观设计的关键节点，设计师旨在营造一处能够让人沉浸在自然怀抱中的庭院环境。通过整合木平台、下沉草坪、乔木阵列及景观灯的点缀，实现森林居所的感觉。景观廊架的透明性使人们能够观赏半遮半掩的叠石瀑布，而廊架内的坐凳

图8-13　区位示意

图8-14　平面图

图8-15　入口景观设计1

图8-16　入口景观设计2

图8-17　入口景观设计3

图8-18　入口景观设计4

尽可能地与森林相协调，简约朴素，不添加装饰和彩色，与湖水相呼应，营造出干净宁静的氛围，使人能够寻找到最朴素的内心境地，体验一种与都市喧嚣隔绝的宁静美学体验（图8-19～图8-21）。

（4）住宅区景观设计二（静赏云莲）。休闲木平台作为水域的另一端点，旨在与周围绿化融为一体。通过对称式景墙、台阶、景观灯的搭配，形成一种仪式感，同时利用自然式植物来缓和气氛。两处阳伞座椅布置于平台两侧，供人们在闲暇时坐或立，都能够观赏景色，欣赏云莲的美景（图8-22、图8-23）。

（5）住宅区景观设计三（林中秘境）。林中秘境以儿童活动为核心主题，在考虑儿童安全的前提下，该区域旨在提供多样化的活动功能和游玩

图8-19 住宅区景观设计1

图8-20 住宅区景观设计2

图8-21 住宅区景观设计3

图8-22 休闲景观设计1

图8-23 休闲景观设计2

图8-24 儿童游乐空间设计1

图8-25 儿童游乐空间设计2

设施，以丰富孩子的游乐体验；周围环绕的绿化布局采用高低错落、丰富
多样的乔灌植被和花卉组合，旨在激发孩子的好奇心，为他们打造一个绿
色、安全的游玩环境（图8-24、图8-25）。

图8-26 休闲步道景观设计

图8-27 百年榕树

（6）住宅区景观设计四（林境夹道）。在此次住宅区内部绿化空间的规划中，除了精心设计的多层次植物景观，还交织了曲径通幽的汀步步道系统。这些步道不仅将绿化空间有机连接，更将居民引领至仿若林间氧吧般的环境中。步行其中，使人沉浸于自然景观之中，体验到放松愉悦的情境。这种设计不仅丰富了居民的休闲体验，也为社区营造了一种促进健康和生活品质的优质环境（图8-26）。

三、厦门中海·环东时代住宅景观设计

（1）项目概况。项目位于厦门市同安新区环东海域新城核心区，紧邻滨海西大道的项目场地，内含一棵百年原生榕树，是地方历史记忆的象征。保护这百年古树有助于保留和传承城市文脉的象征意义，但也成为此次景观设计的关键焦点和难点（图8-27）。

（2）规划布局。根据规划布局，项目场地被划分为南北两个部分，并以中央绿化带作为过渡空间，连接并形成两地块之间的纽带。主要景观空间分别位于两个绿化园中央，同时结合建筑布局形成半围合式的宅前空间，从而形成了"两园—两轴—两中心"的景观布局（图8-28）。

两园 两轴 两中心

两园-绿漾芳园（北地块）、樾境漫园（南地块）

两轴-景观功能节点轴

两中心-大树剧场（北地块 & 南地块）

种子礼仪庭	根系客厅	萌芽成长园	漫樾邻里间	悦动蓝湾
·气质大门	·景观廊架	·主题乐园	·疗愈花园	·观景平台
·礼仪入口	·阳光草坪	·登高器械	·光影花园	·羽毛球场
·人车分流	·大树剧场	·安全呵护	·能量花园	·半篮球场
·归家礼序	·休息座椅	·健身器械	·拾光花园	·阳光草坪
			·颐乐花园	·成人健身
			·时光花园	·休息座椅
			·休息座椅	

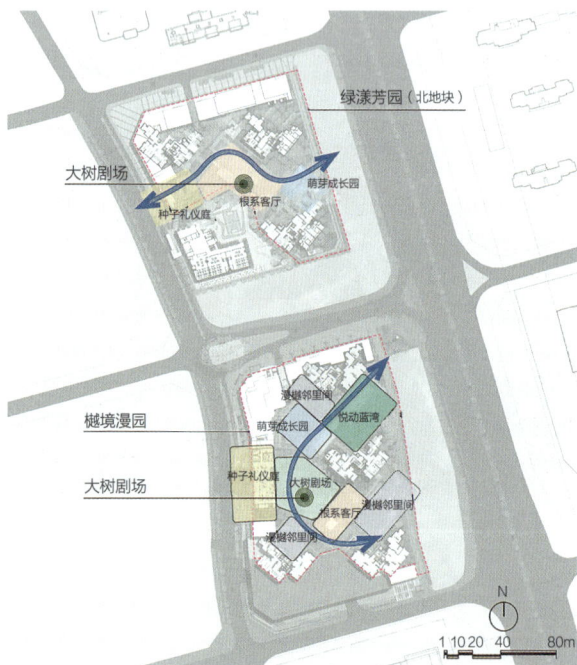

图8-28 规划示意

（3）空间设计一（架空层空间设计）。在本景观空间内，设计师利用园区入口与园区内部的高差设计空间层，丰富空间功能（图8-29、图8-30）。

（4）空间设计二（主体空间设计）。以榕树为主体，进行景观设计，结合台阶看台、景观廊架、阳光草坪和休息座椅等，构建了环绕式立体休闲景观（图8-31）。

设计以树木年轮为灵感，将同心环纹作为设计元素，运用现代设计手法将其演绎为场地的生命之环（图8-32），打造了以古树为核心的中庭下沉庭院。在场地规划中，尽可能保留了古榕树原有的生长环境，并利用地库空间，创造出一层和负一层的错落空间感受。年轮的变幻演绎使得庭院的道路更像是大树的"景墙"，增添了场地的韵律美感（图8-33、图8-34）。

图例 Lengend
- 空间渗透
- 可用架空层空间
- 大堂及消防楼梯
- 配电房
- 物业用房
- 消防控制室
- 建筑空间

图8-29 空间布局示意

图8-30 架空层设计

图8-31 主体空间景观设计1

（5）空间设计三（休闲空间设计）。本住宅区活动空间景观设计旨在为居民创造一个宜居、舒适、多样化的生活环境，提供丰富多彩的户外活动场所和社交空间。设计以人为本，注重满足居民的生活需求和社交活动。景观设计围绕着主题活动场地、户外休闲区、儿童游乐设施、绿化景观和步行径等元素展开，以打造一个融合了自然、休闲和社交的生活中心。通过精心布置的景观元素和活动设施，营造出丰富多彩的户外体验空间，为居民提供了休闲娱乐、健身运动和社交互动的场所，增强了居民之间的交流和社区凝聚力，促进了社区的健康、和谐发展（图8-35~图8-38）。

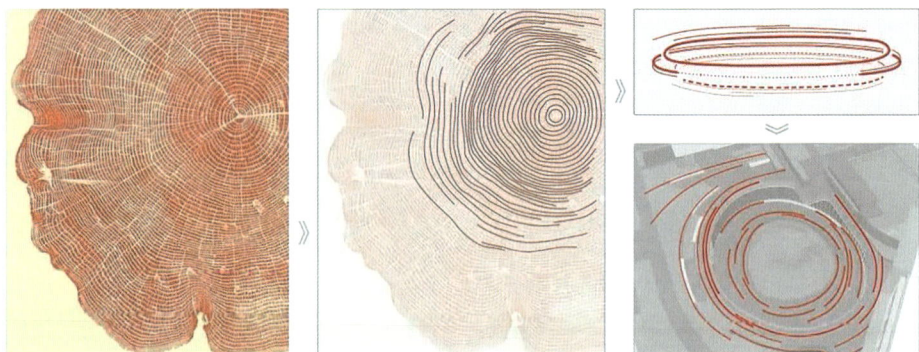

图8-32 元素提取

图8-33 主体空间景观设计2

图8-35 休闲空间设计1

图8-34 主体空间景观设计3

图8-36 休闲空间设计2

图8-37 休闲空间设计3

图8-38 休闲空间设计4

四、贵阳中铁阅山湖运动公园改造

（1）项目概况。项目位于贵阳观山湖区的环湖公园东部，拥有丰富多样化的生态基底，以及丰富的山地和水系资源（图8-39）。作为改造项目，设计团队介入时已有部分景观呈现。因此，设计团队无需进行"全新设计"，而是在现有的依山就势的基础上进行改造。通过改造，旨在增强公园的可达性、参与感和舒适度，为使用者创造一种融入自然、无拘无束的全新生活方式。

公园改造遵循着自然设计原则，设计基于场地真实的原始地貌。基于场地用地需求，历经多次设计推敲（图8-40），最终形成了"链接、渗透、激活"三大策略，对于重要景观节点全过程推演，严谨把控景观布局。在这一设计理念下，最大限度地保留了场地现有的生态肌理、地形、土壤、植被、高差等原生环境，力求在改造后充分发挥自然资源的核心发展潜力。与此同时，设计团队也注重控制设计成本，确保项目的可持续性和经济性。

图8-39 场地原貌

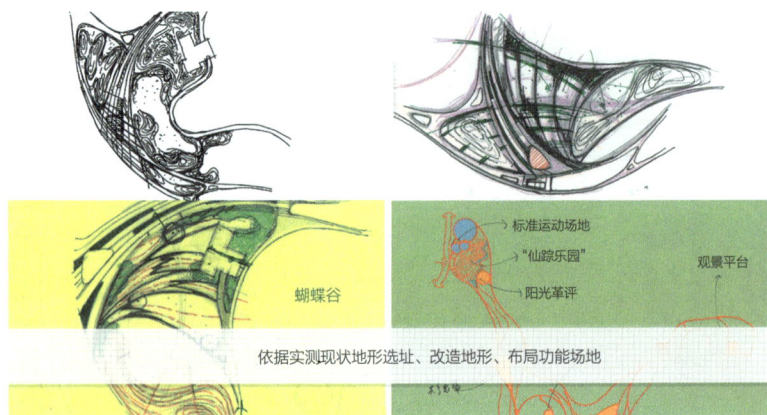

图8-40 场地设计草图

标准运动场地
"仙踪乐园"
阳光草评
观景平台
蝴蝶谷
依据实测现状地形选址、改造地形、布局功能场地

图8-41 场地景观设计俯瞰1

图8-42 场地景观设计俯瞰2

图8-43 景观设计1

图8-44 景观设计2

（2）空间设计一（整体景观）。基于对场地的尊重，设计通过对现有公园地形地貌进行梳理，以最大限度地保留原有地形和植被，从而使场地焕发新生（图8-41）；构建小型湿地生态系统，以实现人与动植物和谐共生的生态范本。同时，对湖区水线与驳岸进行梳理，通过放宽水线，精心选取最佳观景点，旨在让体验者能够感受到最佳的湖景观赏体验。此外，浮桥的功能性连接了南北两岸，以加强参与性景观的概念（图8-42）；选址公园制高点以打造观景平台，以此提升观景体验（图8-43、图8-44）。

（3）空间设计二（休闲空间设计）。根据居民生活需求，设计了人性化的全龄活动场地，以满足居民的日常生活与运动需求。其中，复合运动区拥有标准化的运动设施和配套设施，旨在满足居民的日常生活需求，并通过流线界定活动场地的边界，以组织场地功能空间体系。此外，在

图8-45 内部景观设计1

图8-46 内部景观设2

场地设计中采用了就地取材的策略，将竖向较大的土方转移至竖向较低的区域，从而实现了场地土方的合理平衡，同时也节省了施工成本。在微地形处理方面，通过营造起伏错落的地形韵律，与自然山体形成了和谐的呼应，进一步增强了场地的景观效果和自然美感（图8-45、图8-46）。

注：本节案例由成都赛肯思创享生活景观设计股份有限公司与上海大拙景观规划设计有限公司提供。

第二节　学生景观设计作品分析

一、酒店屋顶花园与庭院景观设计

（一）设计任务

本次设计实践主要任务是将酒店原有的闲置空间（庭院、屋顶花园）打造为一处集休闲、观景、儿童娱乐为一体的公共景观空间。要求学生在实地考察后所得的资料基础上，继续开展对人群分析、功能诉求、气候条件等细节的深入探究，最终得出一个合理的公共景观设计方案。

（二）基地概况

（1）项目区位。项目位于上海市金山区，金山区位于上海市西南远郊。地处约东经121°，北纬30°，东临奉贤区，北接松江区，西南与浙江省嘉兴市相连，西北与江苏省吴江区接壤（图8-47）。

（2）人群分析。该社区的居民以中老年人为主，人群结构以家庭为核心的模式构成，过半数居民为长住性质，剩余居民则以短期租赁形式居住。这些因素表明在该社区进行设计实践活动时，需综合考虑工作、家庭、休闲与社交等多个层面，以满足居民需求（图8-48）。

（3）气候条件。上海的气候属于亚热带季风气候，特点为四季分明、湿润多雨，具体为夏季炎热潮湿，冬季寒冷湿润，春秋温和多雨。

由于上海全年降雨充沛，设计师可以合理利用降雨水资源，设计适合

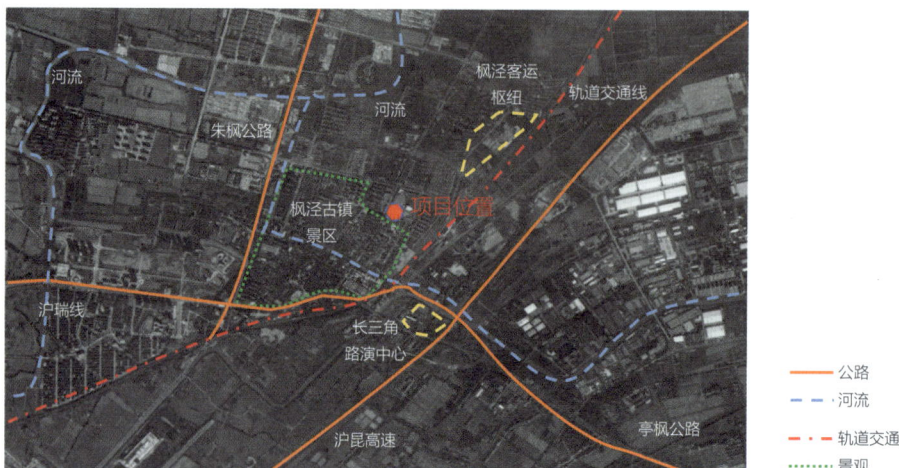

图8-47　区位示意

公路 ——————
河流 - - - - - - -
轨道交通 -·-·-·-·-
景观 ·············

▌人群组成

年龄分段

18～30岁：
30～60岁：
60～90岁：

人群结构

家庭住户：
学生租客：
原住老人：

居住性质

长住：
短租：
其他：

图8-48　人群分析

老人　棋牌　零售　散步
原场地附近居民有上了年纪的老人，闲时聚集，聊天打牌，傍晚时进行简单的休闲活动

家庭　交往　娱乐　购物
以核心家庭为主，也有少数为三世同堂，是住宅小区的主要人群、携带多种社区功能的需求

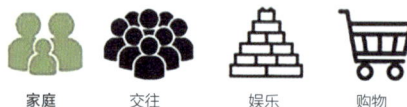

中学生　交谈　运动　学习
安静舒适的学区房方便了中学生生活，但他们也需要公共空间运动交流

上班族　绘画　音乐　交流
上班族是年轻而富有活力的创造者，他们需要一处公共空间进行交流活动，增强社会归属感

当地气候的植被种植方案。选择耐阴冷、适应高湿度的植物品种；夏季上海阳光强烈，设计师需要合理设置树荫、凉亭、遮阳伞等遮阳设施，为游客提供阴凉的休息场所，减少日晒的不适感（图8-49、图8-50）。

（4）植物分析。在植物搭配方面，采用常绿植物为主，辅以少量的落叶树种。这种搭配保证了四季景观的连续性，使人们可以在整年观赏到相似的景色。常绿植物在夏季提供了充足的荫凉，为景观带来清爽感，而在冬季，少量的落叶树则能够让阳光透过树叶，为景观增添温暖的色彩（图8-51）。

在色彩方面，以绿色为主导，与周围的环境相协调，为景观注入生机和活力。同时，少量红枫等异色叶植物作为点缀，为景观增添亮丽的色彩对比，提升整体观赏性。

此外，通过搭配适当的灌木，可以使景观更具层次感。灌木的不同高度和形态与树木相互衬托，形成丰富的景观层次，使整个景观更加丰富多样，吸引人们的目光。

	1月	2月	3月	4月	5月	6月	7月	8月	9月	10月	11月	12月
日最高气温（℃）	5	8	13	20	25	28	30	30	26	20	13	7
日最低气温（℃）	-5	-2	3	9	14	18	21	20	16	10	3	-2
降水量(mm)	21	29	46	70	101	134	156	140	85	49	29	17

图8-49　上海平均气温

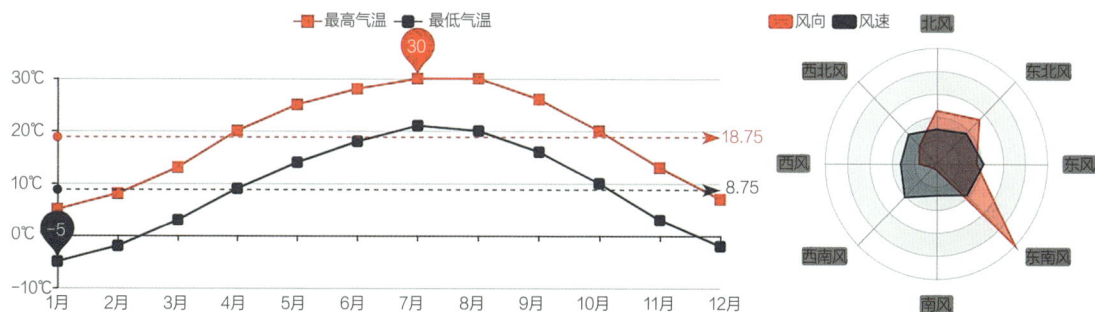

图8-50　上海平均气温与风向玫瑰图

图8-51　植物选择

（三）景观设计

1. 庭院设计

庭院在城市公共景观中扮演着重要的角色。

（1）美化环境。庭院景观为城市增添了绿色空间，提供了城市居民休闲放松的场所。这些小而美的庭院景观不仅美化了城市环境，也为城市居民提供了欣赏自然、放松身心的机会。

（2）促进社区互动。庭院景观可以成为居民社区互动的重要场所。居民可以在庭院景观中交流、休憩、举办活动，增进社区凝聚力，促进邻里关系的发展。

（3）增加城市景观的多样性。庭院景观的设计与布置各具特色，丰富

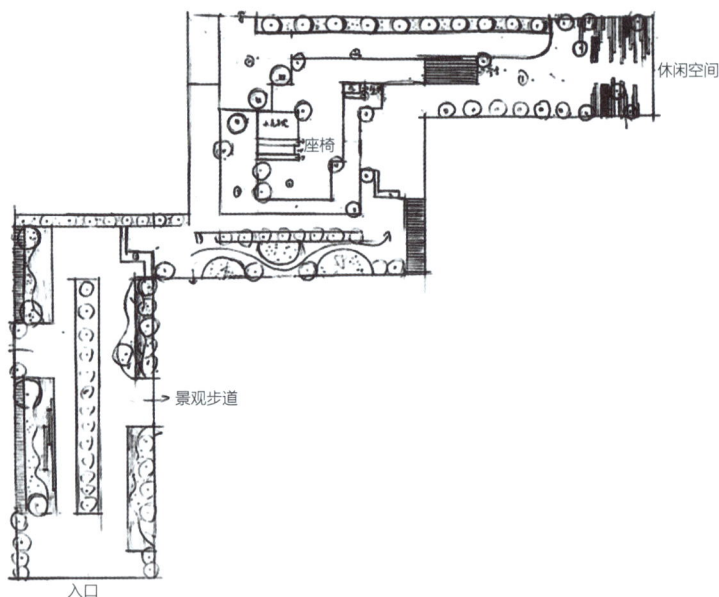

图8-52 庭院设计草图

了城市景观的多样性。不同风格、不同主题的庭院景观为城市增添了独特的魅力，吸引了更多人的关注和参与。

庭院景观设计是一项复杂的任务，需要考虑多个方面，包括美学、功能性、可持续性和实用性，在进行设计实践时，应注意以下几点。

1）空间规划和布局。在设计庭院景观时，首先要考虑庭院的整体布局和空间利用。确定不同功能区域的位置，如休闲区、绿化区、活动区等，确保空间合理分配，并考虑到通风、采光等因素（图8-52）。

2）植物选择。根据庭院的尺寸、阳光照射情况和气候条件，选择合适的植物种类。考虑植物的成熟高度和宽度，以及它们在不同季节的外观变化，确保植物能够与庭院的整体设计相协调（表8-1）。

表8-1 上海地区景观植物参考

月份	景观植物
1月	腊梅、梅花、山茶花、蝴蝶兰、榉树
2月	榆叶梅、山茶花、红莲、蝴蝶兰、法桐
3月	樱花、玉兰、梅花、迎春花、法桐
4月	紫藤、绣球花、桃花、海棠、榉树
5月	鹅卵石竹、月季、蔷薇、蝴蝶兰、梧桐
6月	紫薇、凤梨、玫瑰、百合、榕树
7月	紫荆、日本蔷薇、马蹄莲、百合、法桐
8月	三角梅、薰衣草、万寿菊、苗条龙、银杏
9月	百合、秋海棠、茉莉花、桂花、枫杨
10月	枫叶、菊花、红叶李、葡萄、榕树
11月	水仙、银杏、石楠、茶花、榉树
12月	冬青、茶花、腊梅、扶桑、法桐

3）景观层次和景深。通过合理布置植物、树木、灌木等，营造出景观层次感和景深感。在设计中考虑引导视线的方向和焦点，使庭院显得更加开阔和富有层次感（图8-53）。

4）材料选择。选择符合设计风格和气候条件的材料，包括地面铺装材料、围栏材料、照明设备等。考虑材料的耐久性、易清洁性和美观性，确保庭院景观长期保持良好状态。

5）可持续性考虑。在设计过程中考虑庭院的可持续性，包括节水、节能、环保等方面。选择适合当地气候和土壤条件的植物，合理利用雨水和太阳能资源，减少庭院对资源的消耗（图8-54～图8-57）。

图8-53 庭院景观

图8-54 渗水砖

图8-55 环保再生材料

N

0m 3m 6m

①休闲座椅　⑦枯山水
②水池　　　⑧落叶乔木
③景观植物组合　⑨木平台座椅
④景观灯　　⑩亭子
⑤景墙　　　⑪条状草
⑥休闲座椅　⑫阵列树池

图8-56 庭院平面示意

人群流动
休息观赏
中心景观
私密休息
入口广场

图8-57 设计分区示意

2. 效果图展示

在综合考虑场地规划与空间布局后，将上述植物选择、视线引导、材料选用，以及可持续发展理念等要素运用在场地模型中，并制出效果图进行展示（图8-58~图8-62）。

图8-58 庭院设计1

图8-59 庭院设计2

图8-60　庭院设计3

图8-61　庭院设计4

图8-62　庭院设计5

3. 屋顶花园设计

在进行屋顶花园设计时需要从以下几点进行考虑。

（1）选择适合的植物。选择耐旱、耐盐、适应屋顶环境的植物是至关重要的。同时也要考虑植物的生长习性、根系生长情况以及对于屋顶环境的适应能力，以确保植物能够在屋顶花园中良好生长（图8-63～图6-65）。

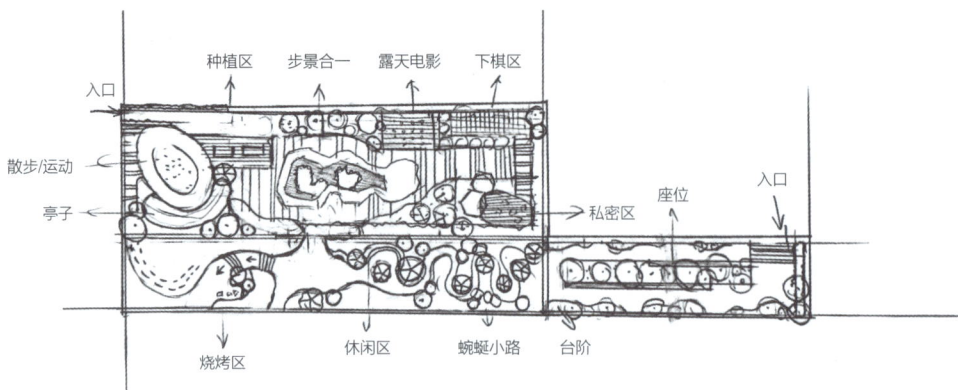

图8-63　屋顶花园设计构思图

① 休闲跑道　　⑨ 交流区
② 廊架　　　　⑩ 抬升式观景平台
③ 儿童娱乐设施　⑪ 景墙
④ 休闲座椅　　⑫ 雕塑
⑤ 植物组团　　⑬ 休闲座椅
⑥ 秋千　　　　⑭ 儿童娱乐设施
⑦ 儿童沙地　　⑮ 座椅&花坛
⑧ 休闲座椅　　⑯ 旋转楼梯

图8-64　屋顶花园彩色平面图

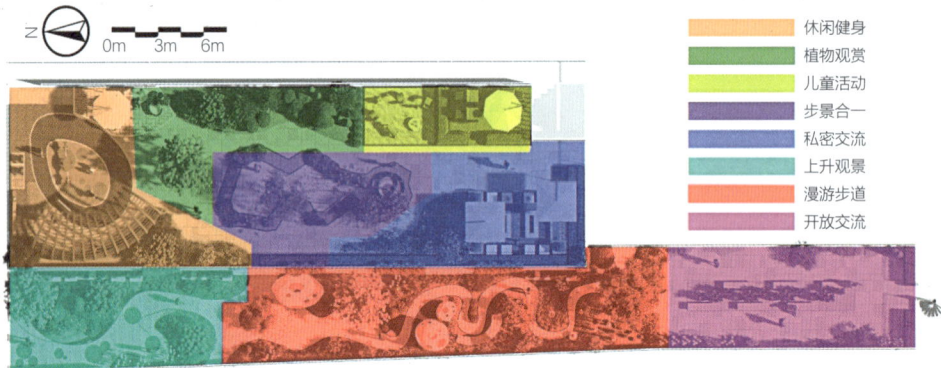

休闲健身
植物观赏
儿童活动
步景合一
私密交流
上升观景
漫游步道
开放交流

图8-65　屋顶花园功能分区图

（2）安全考虑。确保屋顶花园的设计符合安全标准，包括围栏、扶手、防滑地面等设施，以防止意外发生并保护居民和访客的安全。

（3）周围环境的影响。考虑周围环境对屋顶花园的影响，包括周围建筑物、城市景观、野生动植物等因素，以确保屋顶花园与周围环境和谐相处。

根据不同的功能需求和使用目的对屋顶花园进行景功能分区，以最大化其利用价值和美观性。

（1）休闲区。休闲区占地面积较大，为居民提供放松和休息的场所。这些区域通常配置有座椅、躺椅、遮阳设施等，可以供人们享受阳光、阅读或观赏周围景观。休闲区域通常位于场地的边缘位置，这样既能使用更多的空间，也不会和场地内的其他区域互相影响。

（2）观景区。观景区通常位于屋顶花园的高处或者视野开阔的位置，可以俯瞰城市景观或者自然风光。这些区域通常配有观景台、观景平台或者景观廊道，供人们观赏周围环境，并且提供舒适的观景体验。

（3）绿化区。绿化区通常种植有各种植物，包括灌木、草坪、花卉等。这些植物不仅可以增加屋顶花园的美观性，还可以提供生态系统服务，如净化空气、吸收雨水等，达到可持续发展、生态友好的效果。

（4）景观步道。景观步道功能分区通过精心规划的步道系统，提供了一个有机结合自然和人工元素的空间，旨在满足居民和访客对于休闲、观赏、运动等多重需求的景观体验。这些步道系统不仅在屋顶花园中起到连接不同功能区域的纽带作用，同时通过优美的设计、合适的植被配置和景观设置，创造了一个舒适、安全的环境，为居民提供了与自然亲近、欣赏城市景观、放松身心的理想场所。

4. 效果图展示

通过对上文所述知识点的介绍，本小节将展示一系列屋顶花园设计效果图（图8-66~图8-71）。将设计方案中的空间布局、植物配置更直观地展现出来。

图8-66　屋顶花园节点效果图1

图8-67　屋顶花园节点效果图2

图8-68　屋顶花园节点效果图3

图8-69　屋顶花园节点效果图4

图8-70　屋顶花园节点效果图5

图8-71 屋顶花园节点效果图6

注：本案例由盛刘嘉、龚佳怡、金光肇、张宇超设计。

二、上海某住宅区公共空间改造项目景观概念设计

（一）任务背景

在现代城市生活中，住宅区公共空间的景观质量直接关系到居民的生活品质和社区的整体环境。然而，随着城市化的快速发展，许多住宅区的公共空间逐渐显露出单调、缺乏特色等问题。因此，对住宅区公共空间进行景观改造成为了提升社区整体品质、增加居民幸福感的重要举措。

（二）目标概况

（1）区位分析。住宅区位于上海市杨浦区创智天地园区，占地面积20000m²。地处市中心，交通便利（图8-72～图8-74）。

（2）人群分析。通过对场地周边人群的分析，把握周边人群组成结构、

图8-72 创智天地园区景观

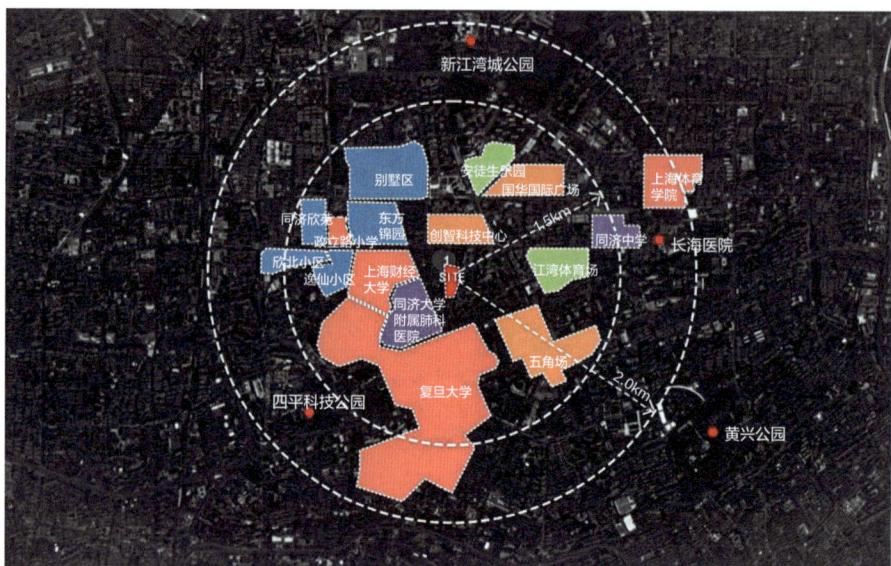

图8-73　场地区位分析2

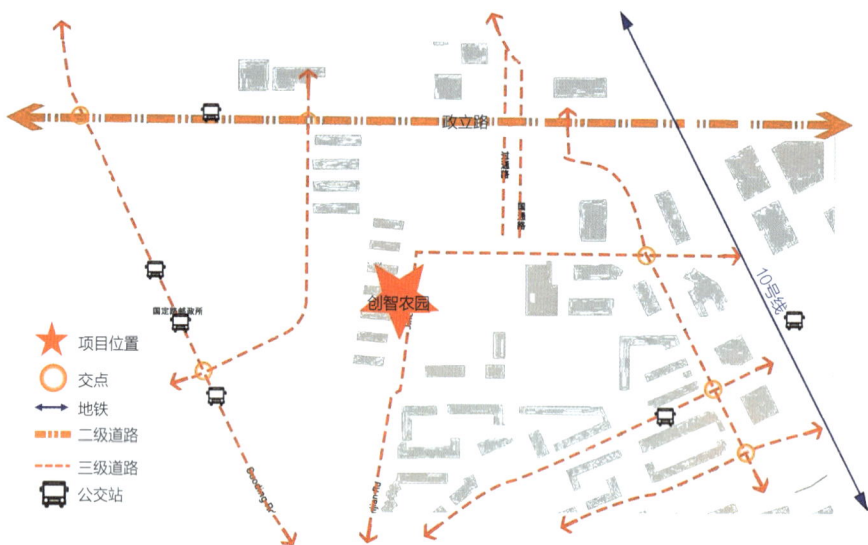

图8-74　场地区位分析3

生活习惯，可使设计更有目的性和针对性（图8-75、图8-76）。通过走访与调查得知该住宅区儿童、老年人居多，所以在设计时应首要注意场所内的安全性、便利性。

（3）设计概念构思（图8-77）。本次任务致力于打造一处以人为本、强调人文关怀和可持续发展的景观场所。设计注重居民的舒适和福祉，提供丰富多样的公共空间和社区设施，鼓励居民之间的互动和社区参与。同时在可持续发展方面，采用生态友好的设计原则和技术，最大程度地减少对自然资源的消耗和环境的破坏，致力于打造一个环保、节能的社区。此外，重视包容性和归属感，为不同社会群体提供平等的机会和资源，促进社区的多元共融。设计师努力营造一个温馨、充满活力的居住环境，让每个居民都能够感受到归属和尊重，实现自我价值和社会价值的共同体验。

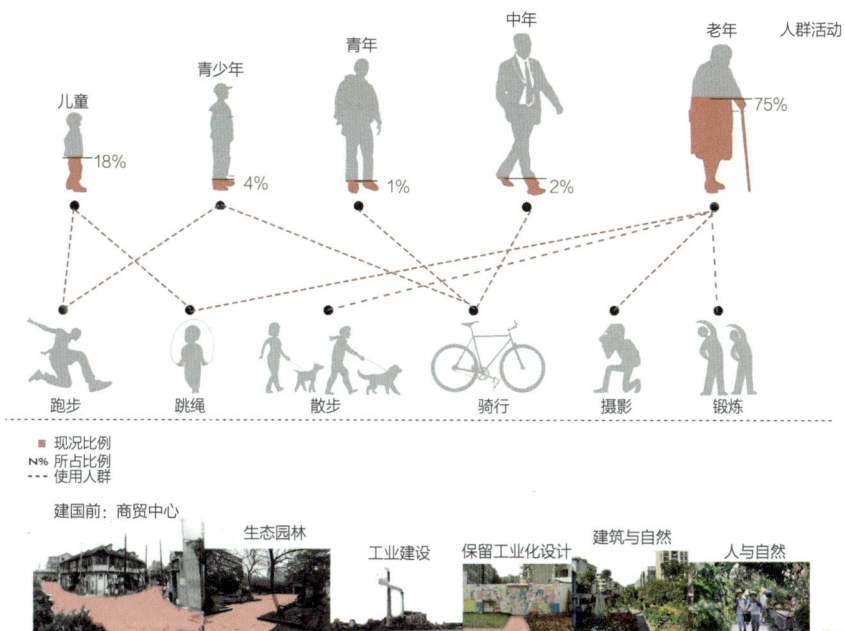

人群活动

中年

青年

青少年

儿童

老年

75%

18%

4%

1%

2%

跑步　跳绳　散步　骑行　摄影　锻炼

■ 现况比例
N% 所占比例
--- 使用人群

建国前：商贸中心　生态园林　工业建设　保留工业化设计　建筑与自然　人与自然

图8-75　人群分析1

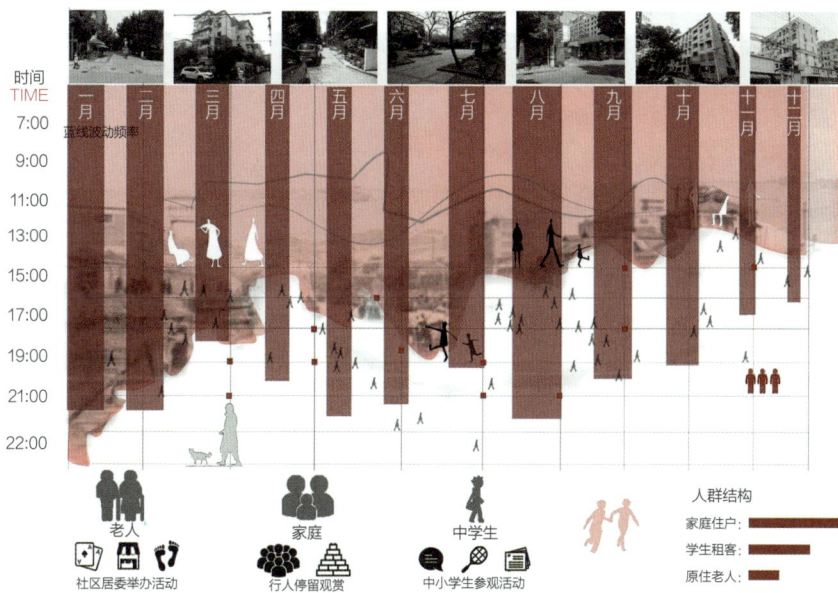

时间
TIME

一月 二月 三月 四月 五月 六月 七月 八月 九月 十月 十一月 十二月

7:00
9:00
11:00
13:00
15:00
17:00
19:00
21:00
22:00

蓝线波动频率

老人　家庭　中学生　人群结构

家庭住户：
学生租客：
原住老人：

社区居委举办活动　行人停留观赏　中小学生参观活动

图8-76　人群分析2

参与度

归属感

包容性

便捷智能

实用主义

互动活力

文教综合

人文关怀

创新发展

精神引领

人居社区

从人文关怀的角度实现社会价值

绿色自然

生态可持续

城市街区

图8-77　设计概念

（4）设计效果（图8-78～图8-81）。

依画栖林
桃源花镜
绿野浮渊
花云山林
生态步道
百草园
繁花伊始
三味书屋

图8-78　总平面图

图8-79　功能分区示意

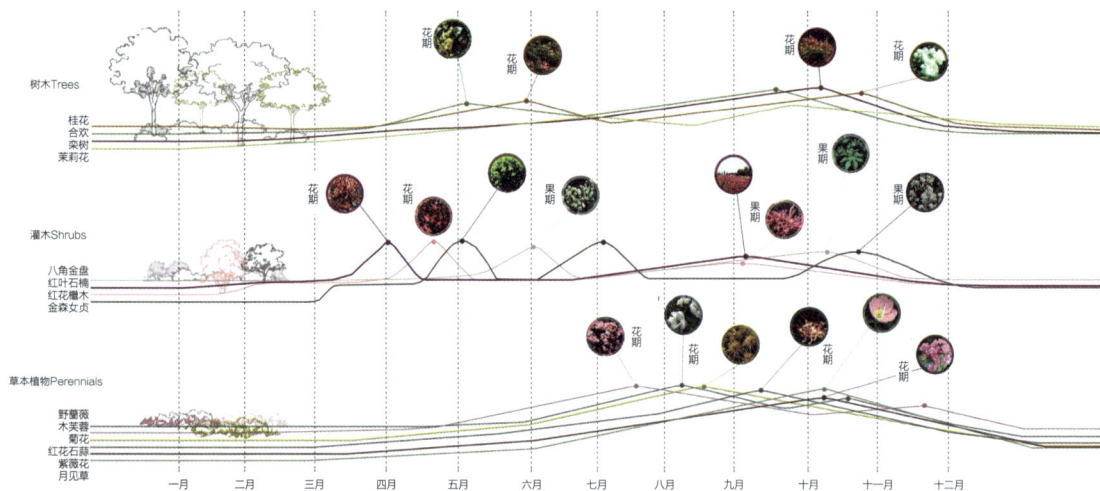

图8-80　植物种植示意

图8-81 立面图

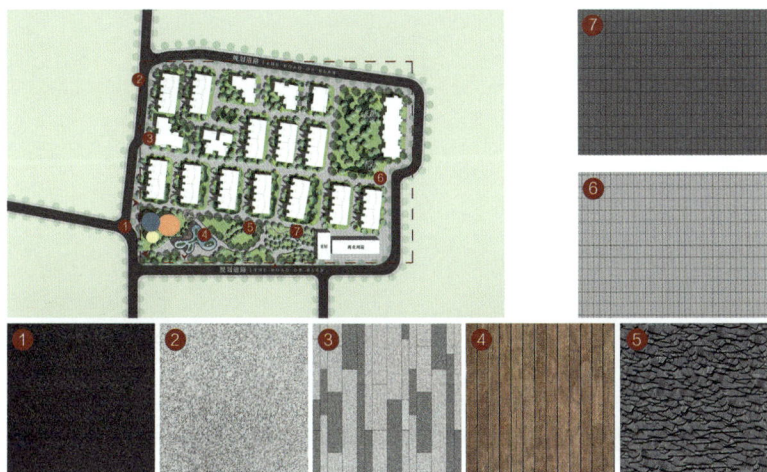

图8-82 铺装材质示意

不同的景观铺装材质具有各自独特的特点。

1）混凝土。耐久性高，易于维护，适用于高人流量区域，但较为缺乏视觉吸引力。

2）砖石。多样的颜色和纹理选择，耐磨性好，易于铺设和维护，但需要定期清洁保持美观。

3）天然石材。具有自然美感和独特纹理，耐久性高，但价格较高，安装和维护成本也较高。

4）木材。自然温暖的外观，适用于营造自然和谐的氛围，但需要定期保养以防腐蚀和变形。

5）砾石。透水性良好，有利于水的渗透和排水，有助于减少地表积水，但不适用于高人流量区域。

6）橡胶。具有良好的缓冲和吸震性能，适用于儿童游乐区和户外运动场所，但易受污染和磨损。

7）沥青。经济实惠，易于铺装和维护，适用于道路和停车场，但在高温下易软化，需要定期重新铺装。

在设计过程中应根据不同的具体需求和场地特点进行景观铺装材质选择，以实现设计目标并提供最佳性能和美观效果（图8-82）。

如图8-83~图8-85所示，针对儿童和老年人居多的社区，景观设计需要考虑以下注意事项。

1）安全性。设计应注重安全，包括避免尖锐和危险的物品、设置防护栏杆和安全栏等，以防止意外发生。

2）易达性和无障碍性。设计应考虑到儿童和老年人的行动能力和需求，包括增加平坦的人行道、无障碍坡道和易于进出的出入口等，以确保他们能够方便地使用各种设施。

3）舒适和便利性。提供舒适的休息区、户外座椅和阴凉遮阳设施，以及方便的公共设施，如厕所、饮水处等，以满足儿童和老年人的日常需求。

4）自然环境和绿化设计。注重自然环境和绿化，包括植被覆盖、景观花园、水景设计等，以提供美丽的景观和舒缓的氛围，有助于儿童和老年人的心理健康和放松。

5）社区活动和互动。提供丰富多样的社区活动和互动机会，如户外表演、社区集市、文化节庆等，以促进儿童和老年人之间的交流和互动。

图8-83　景观节点设计效果图1

图8-84　景观节点设计效果图2

图8-85　景观节点设计效果图3

　　注：本案例由沈园园、杨宇宣、宋梦娇、张娅妮设计。

本章总结

　　本章系统地介绍了几个具有代表性的案例，每个案例都通过详细的描述，讲解其独特的项目背景、设计理念及最终效果。通过对这些案例的研究和总结，希望为学生提供理念指导，帮助学生在未来的设计项目中更灵活地应用所学知识。

课后作业

　　（1）简述景观设计方案需要从哪些方面进行展示？
　　（2）结合所学知识，制作一个完整的景观设计方案。

思考拓展

　　在人工智能技术高速发展的今日，各种新颖的技术手段为景观设计提供了更多的可能性。作为景观专业学生，应该如何把握这一时代趋势？

课程资源链接

课件

参考文献

[1] 俞孔坚. 论景观概念及其研究的发展[J]. 北京林业大学学报，1987（04）：433-439.

[2] [英]约翰·斯通斯. 改变建筑的建筑师[M]. 陈征，译. 杭州：浙江摄影出版社，2018.

[3] 佟立. 当代西方生态哲学思潮[M]. 天津：天津人民出版社，2017.

[4] [美]莱若·G. 汉尼鲍姆（Leroy G.Hannebaum）；园林景观设计实践方法（第5版）[M]. 宋力主，译. 沈阳：辽宁科学技术出版社，2004.

[5] 王江萍. 城市景观规划设计[M]. 武汉：武汉大学出版社，2020.

[6] 吴阳，刘慧超，丁妍. 景观设计原理[M]. 石家庄：河北美术出版社，2017.

[7] 檀文迪，高一帆. 景观设计[M]. 北京：清华大学出版社. 2015.

[8] 史明，刘佳. 景观艺术设计[M]. 北京：中国轻工业出版社，2021.

[9] 陈芊宇，王晨，邓国平. 景观设计[M]. 北京：北京工业大学出版社，2014.

[10] [美]伊恩·麦克哈格. 设计遵从自然[M]. 朱强，许立言，黄丽玲，等译，北京：中国建筑工业出版社，2012：22、48.

[11] 丁圆. 中央美术学院规划教材 景观设计概论[M]. 北京：高等教育出版社，2008.

[12] 张杰，龚苏宁，夏圣雪. 景观规划设计[M]. 上海：华东理工大学出版社，2022.

[13] 牛琳. 高等院校艺术设计专业"十三五"规划教材 景观设计概念[M]. 武汉：华中科技大学出版社，2016.

[14] 尤南飞. 景观设计[M]. 北京：北京理工大学出版社，2020.

[15] 许浩. 景观设计——从构思到过程（第二版）[M]. 北京：中国电力出版社，2019.

[16] 邱建，等. 景观设计初步[M]. 北京：中国建筑工业出版社，2010.